温泉学入門

有馬からのアプローチ

古川　顕

関西学院大学出版会

温泉学入門

◇◆◇

有馬からのアプローチ

温泉学入門——有馬からのアプローチ

目次

プロローグ

今から半世紀以上も昔、高校一年生の冬休みを利用して長野県の上諏訪に旅をしたことがある。上諏訪は全国有数の温泉湧出量を誇り、諏訪湖の東北岸から市街地にかけて、いたるところに温泉が湧き出す。当時は駅のホームに露天風呂が設けられ、誰でも無料で湯に入ることができた。その後、上越新幹線の越後湯沢、北上線のほっとゆだ、奥羽本線の高畠、わたらせ渓谷鉄道の水沼など、駅に温泉施設を付設しているところが増えてきたが、当時、駅のホームの真ん中に無料の露天風呂があったのは全国唯一、上諏訪駅のみであった（現在は露天風呂は廃止され、足湯となっている）。上諏訪の駅前に地元の百貨店があるが、この五階にも温泉の公衆浴場がある。百貨店の中に温泉浴場があるのは、おそらく世界でもここだけだろう。

なぜ上諏訪に行ったのかというと、私が通っていた大阪府堺市にある三国ヶ丘中学の二年生のクラスと、同じ学年の上諏訪中学のクラスとが活発に文通していて、その交流の一環として友人と当地に出かけたのが動機である。三年生になって私たちのクラスが解散してからも、個人文通の形で交流が続いた。そんなことがあって以来、「I　love　湯」となってしまった。古稀を過ぎた今でも、上諏訪と聞くと妙に甘酸っぱい気持ちになる。私が温泉に関心を持つようになったのは、この上諏訪行がきっかけだ。その後、上諏訪には何度も訪れている。私にとっては〝青春の地〟である。そんなことがきっかけで日本各地の温泉や海外の温泉にも足を伸ばすようになった。行くだけでなく、温泉に関するさまざまな本を読み漁るようにもなった。

上諏訪温泉片倉館

私は現在、神戸市北区に住んでいる。日本を代表する名湯、有馬温泉と同じ区内である。有馬は白浜温泉、道後温泉とともに「日本三古湯」の一つである。『日本書紀』や『風土記』などに登場することから、一般にそう呼ばれている。同時に、下呂温泉、草津温泉と並ぶ「日本三名泉」といわれる。これは、徳川家康以下四代将軍に仕えた儒学者・林羅山が、有馬温泉で作った詩文集に「諸州多有温泉、其最著者、摂津之有馬、下野之草津、飛騨之湯島（下呂）是三処也」に由来している。

「日本三名湯」と呼ばれる温泉もある。白浜、熱海、別府である。人々が多数訪れ、人気を博してきた温泉だ。このうち熱海温泉は、江戸時代に徳川家康が来湯し、以来、徳川家御用達の温泉として献上された。とくに家光以降には、その湯が湯桶によって江戸城まで運ばれ、「御汲湯《おくみゆ》」と呼ばれたそうだ。

「三名湯」を別にすると、「三古湯」と「三名泉」の両方に入っているのは有馬だけである。その有馬に大きな関心をもって、かれこれ二〇年近く前に宝塚から引っ越してきた。この本の随所に有馬が登場するのはそのためである。有馬はそれほど広くはない。温泉地の隅から隅まで歩きまわってもたかが知れている。しかし、他のどこよりもふところの深い温泉だ。

有馬温泉のメインストリートは湯本坂という狭い通りである。この両側には人形筆の店とか、竹細工の店とか、松茸昆布の店など伝統的な有馬土産を売る商店が並び、温泉情緒を醸している。だが一方では、真昼間からアルコールを飲ませる店が開き、英語や中国語、ハングルなどを話す観光客も増加の一方だ。有馬は神代に発見されたといわれる古湯ながら、日本各地の有名温泉のなかでも、最もワールドワイドな存在となっているのではなかろうか。その狭い通りは車の往来も結構激しい。ぼんやり歩いていると、ひやひやすることがある。有馬温泉を知ることは、日本の温泉のすべてを知ることだと言っても決して過言ではない。良きにつけ悪しきにつけ、有馬には温泉のエキスが全部詰まっているように思われる。

私の専門は経済学、とくに金融論や経済学史を専門にしている。けれども温泉に興味を持って以来、いつかは温泉についての本を書いてみたいと考えるようになった。今回、天下の名湯、有馬温泉を中心に温泉のことを書く機会に恵まれた。ようやく私の長年の夢が実現した。

名コラムニスト辰濃和男さんに、『ぼんやりの時間』（岩波新書、二〇一〇年）という本がある。彼は、「温泉の効能」として四つの効果を挙げている。第一は、「疲れが抜ける」効果である。たとえどんなに疲れていても、温泉に浸かると疲れがとれて皮膚の細胞がピチピチとよみがえるような気になる。第二は、「心を洗う」効果である。ふつう温泉では身体を洗う。だが、心をカラッポにして、ぼんやりとした時間を過ごすことは何ものにも代えがたい。これら二つはそれほど目新しくはないが、温泉第三に、「野生がよみがえる」効果があるという。「裸の人間が原初のエネルギーに出あうのが、温泉に入る、ということの意味なのだろう。大地から湧きでた湯につつまれることは、私たちの内面にある野生をよみがえらせてくれる」と書いている。第四は、「自然に浸る」という効果である。どんなに泉質がすぐれていても、周りの景観が良くなければつまらない。自然の環境に恵まれていなければ、温泉でのんびりする気持ちにはなれない。

確かに温泉には、これらの効果があるように思う。しかしあえて私は、あと三つの効果を付け加えたい。その一つは、減量効果である。温泉に浸かると、ある程度エネルギーを消耗する。たとえば、セ氏四〇度の湯に一〇分入浴するだけで八〇キロカロリーの運動量に相当するといわれる。運動しなくとも、じっとしているだけで減量効果が期待できる。もちろん、ほどほどにすることが大切で、あまり入浴時間が長くなるとかえって疲れてしまう。

もう一つは、「コミュニケーションを楽しむ」という効果である。一人で温泉に浸かってぼんやりと過ごす時間は大切だ。けれども、時には一緒に浸かっている周りの人と無駄話に花を咲かせるのは楽しい。見も知らない地元の人たちとの会話ほどそうだ。温泉には古くから、そうしたコミュニケーションの場としての働きがあるのではなかろうか。

第三は、「転地効果」である。住んでいる場所と離れた所に行くことによって生じる効果のことである。遠隔地で気候や環境が変わり、日常から非日常の世界に足を運ぶことで、気分転換ができストレスが解消される。海の温泉も良し、山の温泉も良い。日常から非日常への切り替えには、リフレッシュ効果が期待できる。転地効果とはこうしたリフレッシュ効果そのものだ。

温泉の効用の一つは、ぼんやりと湯に浸かって心を解き放つことだと言ったが、ぼんやりと温泉に入るのは人間だけではない。長野県志賀高原の入り口、上林温泉から歩いて三〇分ほど行ったところに地獄谷野猿公苑がある。約二〇〇頭の野生のサルが入浴する温泉として世界的にも知られている。以前訪れたときには、頭に雪をかぶりながら、何匹かの野猿が目を細めて入浴していた。その光景が印象的だった。きっと気持ちが良かったのにちがいない。サルが温泉に浸かるというのは、おそらく世界でもここだけのはずだ。一緒に入ってみたい気持ちになったものだ。そんなことはできないが、野猿公苑のすぐ近くに、地獄谷温泉の一軒宿後楽館がある。噴泉を見ながら、渓流を見ながら露天風呂に入浴するのはすばらしい。

この本は、単なる温泉のガイドブックではない。有馬温泉に軸足を置きながら、「温泉とは何か」

という、分かりきっているようで分からない話を手始めに、温泉をさまざまな角度から分析するようにした。すなわち、歴史的、経済学的、社会学的、文化人類学的な観点から縦横に論じたつもりである。ガイドブックのたぐいは無数にあるが、本書のような多角的な視点から書いたものは意外と少ないような気がする。自分のまったく専門外のことをわかりやすく、しかも興味をもって理解してもらうために、私自身ずいぶんと勉強させてもらった。もちろん、私の狙いや努力が成功しているか否かは、読者のみなさんにゆだねるしかない。

この本の読者のみなさんが日本の温泉のすばらしさを再認識し、読後にひとかどの「温泉博士」にでもなったような気分を抱いていただけたら、著者としては望外の喜びである。

出版に際しては、関西学院大学出版会の編集長田村和彦教授や編集委員の先生方、事務局の田中直哉氏および戸坂美果さんには、いろいろなアドバイスや細やかなご配慮をいただいた。また、関西学院大学経済学部資料準備室の山下麻美子さんには、図書館から温泉の資料をたくさん借りてもらって便宜を図っていただいた。心から感謝申し上げたい。

二〇一四年三月　　　　古川　顕

第1章

温泉とは何か

温泉の現実

私は妻と二人で二〇年以上にわたって四国八十八ヶ所の遍路旅を続けている。歩いて回っているが、現在三周目の途上にある。風の匂い、土の匂い、草木の匂いを感じ取りながら黙々と歩くことは楽しい。自然の中にどっぷりと浸かり、四国の大地を歩き続けていると、心が解き放たれるような気持ちになる。

遍路をしていると、道後温泉以外これといった温泉もない温泉後進地の四国で、温泉施設がめったやたら増えていることが分かる。たとえば、香川県の七五番善通寺。善通寺は、弘法大師空海の誕生寺といわれる八十八ヶ所きっての由緒あるお寺である。この善通寺の境内に温泉が湧き出して、入浴施設が作られているのには驚いた。寺の宿坊には、現行の温泉法の温泉に適合する「大子の里湯温泉」というのがある。

徳島県の第六番安楽寺にも入浴施設がある。昔この地方で温泉が湧き、諸病に効験があったので、弘法大師がとどまって厄難や病苦を救うために薬師如来を刻み、堂宇を建立して安置したといわれる。その名も温泉山安楽寺。現在の寺の宿坊には、温泉山の名にふさわしい温泉がある。さらに愛媛県の第五八番仙遊寺。今治の市街や遠く瀬戸内海に浮かぶ島々を一望できる眺望豊かな地にある。ここにもややぬる目の温泉が湧く。

これらの温泉施設には遍路の疲れをとるために入浴したかったが、宿泊しないと利用できないとの

表1　日本の温泉利用状況

源泉総数A+B	利用源泉数 A		未利用源泉数 B		湧出量 L/ 分		宿泊施設数	温泉利用の公衆浴場数
	自噴	動力	自噴	動力	自噴	動力		
27,531	4413	13,396	3,296	6,426	738,111	1,943,562	13,754	7,717
(▲2.0)	(▲13.4)	(▲5.0)	(8.9)	(9.7)	(▲10.1)	(▲1.7)	(▲7.7)	(▲1.9)
28,090	5,097	14,108	3,028	5,857	821,438	1,977,980	14,907	7,859

(注) 1. 上段は、2011 年度。下段は、2007 年度
2. ( ) 内は、2011 年度の 2007 年度に対する伸び率 (%)、▲はマイナスを意味する。

ことで断念した。一事が万事この調子で、四国遍路をしていると、あちこちで公共温泉を中心とした温泉施設に出くわす。宿坊以外の温泉施設には、余程のことがない限り、入浴するようにしている。四国のような火山帯の通らない温泉後進地ほど温泉施設の増加が著しいというパラドックスを認識させられる。

それでは、日本全体の温泉の現実はどうなっているのだろう。これを知るには、環境省が定期的に公表している「都道府県別温泉利用状況」が便利である。各都道府県ごとに、源泉数や宿泊施設数、湧出量、温泉利用の公衆浴場数、自然に地中から湧出する自噴の源泉数、ボーリングなどの動力による源泉数などの情報を得ることができる。

表1は、「都道府県別温泉利用状況」に基づく二つの年度、二〇〇七年度と二〇一一年度の利用状況を調べたものである。この統計は少し古いが、温泉の利用状況が急に変化するとは思われないので、これで十分だろう。

これを見ると、興味深いいくつかの事実を知ることができる。箇条書きにすると、次のとおりである。

二〇〇七年度に限ると、①日本には、利用している源泉でも未利用の源泉でも、自噴の源泉よりも動力による源泉のほうがはるかに多い、②同じことは、毎分当たりの湧出量（リットル）においても妥当する、③宿泊施設数は源泉総数のおよそ半分である、④温泉利用の公衆浴場数は宿泊施設数の約五六％にも達する、ことなどである。ほぼ同じことは二〇一一年度にも妥当する。ただし両者を比較すると、⑤未利用源泉数を除いて、源泉総数、利用源泉数、湧出量、宿泊施設数、温泉利用の公衆浴場数とも、二〇一一年度のほうが下回っている。

これらの五つの事実をどう理解するかについて、ここでは読者の判断にゆだねたい。ただ、⑤については簡単にコメントしておこう。この統計で、最近の二期間を比較すると、源泉総数をはじめとする各数値がおおむね四年前を下回っている。この理由の一つは、日本経済の不況の進展を反映していると解釈できる。デフレ不況によって、民間資本や地方公共団体などが資金難から温泉施設の建設を抑制したからである。もう一つは、全国の自治体が第三セクター方式の温泉施設を大量に建設し、しかもその施設の大部分が濾過・循環方式を採用したため、さまざまな問題の発生をみたという事実による（この点については、第6章に詳しい）。

四国遍路の私の体験は、**表1**が示す状況とは矛盾した印象を与えるかもしれない。だが、かつての竹下内閣時代の「ふるさと創生資金」によって、全国の自治体が温泉掘削開発と、第三セクター方式による公共温泉施設の建設に乗り出し、それが引き金になって〝温泉ラッシュ〟をもたらしたことも事実である。ここでは統計を省略しているけれども、近年に至るまでの温泉利用状況は、そのことを明確に裏付けている。

なお付言すると、「都道府県別温泉利用状況」によれば、平成二〇（二〇〇八）年度の都道府県別の温泉湧出量のトップは大分県で、毎分二八五キロリットルと第二位北海道二四四キロリットル、第三位鹿児島県二〇五キロリットルを大きく引き離している。これは、いうまでもなく質・量ともに世界有数の大温泉、別府温泉を抱えているからである。また源泉数が日本一多い都道府県を見ても、大分県が四四七一と日本一。鹿児島県二七八五、静岡県二二七七がこれに続く。ただし「宿泊施設がある場所」という意味での温泉地数は、第一位が静岡県の一八九五、第二位が長野県の一三〇八で、大分県は八〇二と第三位になっている。これはやはり、大都市に近いかどうかという事情が影響しているように思われる。

火山性温泉と非火山性温泉

温泉は火山に関連した火山性温泉と、直接関連のない非火山性温泉とに大別できる。火山地帯では、地下数キロメートルから一〇数キロメートルにわたって地下深くから上昇してきたマグマがたまり、セ氏一〇〇〇度を超える高温になっている。雨や雪が地中にしみ込んで地下水となり、この地下水がマグマだまりの熱で温められて地表に湧き出す。これが火山性温泉である。

一方、火山が近くにない地域でも温泉は出る。これは地球の内部の高温のマグマの影響である。マグマの熱で地下は温められており、掘れば掘るほど地温が上がる地域は多い。普通、日本では地面を一〇〇メートル掘るごとに地温は約三度上がるといわれる。一〇〇〇メートル掘り起こすと地温は約三〇度になる。仮に地表の気温が一〇度だとすると、ボーリングによって一〇〇〇メートル掘ると、汲み上げた水の温度は三〇度プラス一〇度で、ほぼ確実に四〇度近い温泉を得ることができる。日本の現在の技術水準では、一〇〇〇メートルどころか、二〇〇〇メートル掘るのもむずかしくない。

非火山性の温泉のもう一つの代表が、太古の地殻変動などで古い海水などが地中に閉じこめられる「化石水」と呼ばれているものである。温度が高くなくても多量の塩分やガスを含んでおり、温泉に分類される。

天神泉源

非火山性温泉のうち、前者のタイプの温泉、つまり地球内部の高温のマグマによって熱せられ地表に湧き出た温泉、の代表が有馬温泉である。有馬には二つのタイプの泉源がある。一つは、「天神泉源」という有馬の主力泉源である一〇〇度近い高温の塩化物泉、もう一つは、炭酸を多く含む冷泉である。問題は前者のタイプの温泉だ。有馬を含む兵庫県南部には火山がないにもかかわらず、なぜ一〇〇度近い高温の湯が湧き出るのか、現在でも大きな謎である。いくつかの仮説があるものの、まだ確定していない。

ただしごく最近、京都大学などの研究で、陸の下に沈み込んだ海のプレートが海水を地下深くに運び、それが深部で高温となって断層などの割れ目を伝って地表に湧出した可能性が高いことが突きとめられた。有馬温泉は地質的には活断層である有馬・高槻構造線の西端にあり、地下深くまで岩盤が割れていることから、その割れ目を通って温水が噴出する仕組みとなっている。

火山が近くにないにもかかわらず、熱い湯が湧くタイプの温泉は、これまで「有馬型温泉」と呼ばれてきた。有馬のほか、白浜温泉（和歌山県）、湯の峰温泉（同）、川湯温泉（同）、鹿塩《かしお》温泉（長野県）が、その代表的なものである。これらは、塩分濃度が海水の一―二倍程度と高い温泉として共通している（なかでも有馬温泉は、塩分濃度が三・九％と日本一を誇っている）。そしてこれらの「有馬型温泉」は、プレートが海水を陸の深部まで運んで濃縮したという考え方によってうまく説明されるという。

非火山性温泉として、もう一つ有名なのは、イギリスのバースである。ここはロンドンの北西約一四〇キロメートルのところにある。私はこれまで三度バースを訪れている。この地を訪れる人が必ず行くのが、町の中心部にある「ローマ浴場と博物館」（Romans Baths & Museum）で、この中にグレート・バスあるいはローマン・バスと呼ばれる大きな浴場がある。現在見られるのは、紀元一世紀にローマ人が侵攻したときに建設した浴場を復元したものである。いまでも湧出時の温度は四六・五度、一日一一〇万リットルの湯が湧出している。この一帯には火山が無いにもかかわらず、文句のない温泉である。ローマン・バスは手をつけることも禁じられている。しかし私は行くと必ず管理人の目を盗んで手をつけ、温かい温泉であることを確認している。広く知られているように、バースは風呂の語源となった都市である。

ついでに言うと、「スパ（泉）」の語源となったのが、ベルギーの田舎町スパ（Spa）である〝国際温泉評論家〟を自称する山本正隆は、ここの町の中心にある温泉館について、温泉は炭酸泉で「37度くらいのぬるめの湯で、見た目には何の変哲もないのですが、入るとやたらと泡が出ます」と書いている（『世界温泉紀行』くまざさ出版社、二〇〇六年）。

寒の地獄温泉

大分県玖珠《くす》郡九重町《ここのえまち》の、別府と阿蘇を結ぶやまなみハイウエイ沿いの飯田《はんだ》高原に、一軒宿の「寒の地獄温泉」がある。私は若いころにこの温泉を訪れたことがある。現在は通年営業しているが、当時は夏季のみ営業の湯治場だった。この温泉の売りは何と言っても混浴風呂で、水着着用の冷泉（単純硫化水素泉）である。私が入浴した時は他に誰も入っていなかった。冷泉といっても度を越している。水温はセ氏一四度。真夏の日中に入浴したこともあって、入った途端全身に鳥肌が立ち、冷たいというよりもピリピリと痛い感じだった。よくまあ、「寒の地獄」と名付けたものである。温泉を楽しむどころか、一種の水垢離《ごり》の苦行をしているようなものだ。我慢して五分ほど首まで浸かっていたが、皮膚の感覚が無くなってきて、浴舎の隣にある暖房室に飛び込んだ。この暖房室にはガンガンとストーブが焚かれていた。

もう一つ、この温泉で忘れられないのは、浴槽の正面に「冷泉行進曲」という歌詞が書かれていたことだ。歌詞は五番まで書いてあったが、一番のみを紹介したい。

なほして来るぞと勇ましく
誓って家を出たからは
根治させずに帰らりょか
冷い水の面見る度に
瞼に浮かぶ母の顔

昔は、この歌を歌いながら入浴したという。どこかで聞いたことがある歌詞だと思って調べてみると、「冷泉行進曲」は昭和一二（一九三七）年に作られた軍歌「露営の歌」の替え歌である。この軍歌の一番は次のとおり。

勝ってくるぞと勇ましく
誓って故郷《くに》を出たからは
手柄たてずに死なりょうか
進軍ラッパ聴くたびに
瞼に浮かぶ旗の波

温泉というのは元来、温かい湯を意味する。だから、「寒の地獄温泉」というのは名辞矛盾ではないのか。さにあらず、それは紛れもない温泉なのである。

そもそも温泉とは何だ

「温泉とは何か」を説明することはなかなか厄介である。意外にむずかしい。『広辞苑』によれば、温泉とは「地熱のために平均気温以上に熱せられて湧き出る泉。多少の鉱物質を含み、浴用または飲用として医療効果を示す。硫黄泉・食塩泉・炭酸泉・鉄泉などがある。日本の温泉法では、溶存物質を一キログラム中一グラム以上含むか、泉温セ氏二五度以上のものをいう」となっている。辞書だから、説明のスペースは限られているものの、過不足ない説明のようにみえる。しかし、温泉というのは、はたして「地熱のために平均気温以上に熱せられて湧き出る泉」なのか。辞書にも触れられているように、温泉大国日本には、昭和二三（一九四八）年に施行された温泉法という法律がある（平成二三年に一部改正）。法律には最初に温泉法の目的と、定義が記述されている。この定義に妥当するものが日本の温泉というわけである。温泉法には次のように記述されている。

第一章　総則

（目的）

第一条　この法律は、温泉を保護し、温泉の採取等に伴い発生する可燃性天然ガスによる災害を防止し、及び温泉の利用の適正を図り、もって公共の福祉の増進に寄与するものとすることを目的とする。

（定義）

第二条　この法律で、「温泉」とは、地中からゆう出する温水及び水蒸気その他のガス（炭化水素を主成分とする天然ガスを除く）で、別表に掲げる温度又は物質を有するものをいう。

2　この法律で「温泉源」とは、未だ採取されない温泉をいう。

表2　温泉法第２条別表

1. 温度（温泉源から採取されるときの温度）

摂氏 25 度以上

2. 物質（以下に掲げるもののうち、いずれか一つ）

物質名	含有量（1kg 中）
溶存物質（ガス性のものを除く。）	総量 1,000mg 以上
遊離炭酸（CO_2）（遊離二酸化炭素）	250mg 以上
リチウムイオン（Li^{+}）	1mg 以上
ストロンチウムイオン（$Sr2^{+}$）	10mg 以上
バリウムイオン（Ba^{2+}）	5mg 以上
フェロ又はフェリイオン（Fe^{2+},Fe^{3+}）（総鉄イオン）	10mg 以上
第一マンガンイオン（Mn^{2+}）（マンガン（Ⅱ）イオン）	10mg 以上
水素イオン（H^{+}）	1mg 以上
臭素イオン（Br^{-}）（臭化物イオン）	5mg 以上
沃素イオン（I^{-}）（ヨウ化物イオン）	1mg 以上
ふっ素イオン（F^{-}）（フッ化物イオン）	2mg 以上
ヒドロひ酸イオン（$HA_SO_4^{2-}$）（ヒ酸水素イオン）	1.3mg 以上
メタ亜ひ酸（HA_SO_2）	1mg 以上
総硫黄（S）［H_S^{-}+$S_2O_3^{2-}$+H_2S に対応するもの］	1mg 以上
メタほう酸（HBO_2）	5mg 以上
メタけい酸（H_2SiO_3）	50mg 以上
重炭酸そうだ（$NaHCO_3$）（炭酸水素ナトリウム）	340mg 以上
ラドン（Rn）	20（百億分の１キュリー単位）以上
ラジウム塩（Ra として）	１億分の 1mg 以上

この第二条の「別表」とは、次の**表２**である。

表２のポイントは二つある。一つは、温泉と認められるためには、地中から湧き出す温水の温度が「セ氏二五度以上」であること、もう一つは、「一八種類の物質（含有成分）のいずれか一つが一定量以上か、あるいは物質の総量が一定量以上」という二つの基準のいずれか一つを満たすことである。このうち、最初の「セ氏二五度以上」という

条件については、こんなに低温でも温泉なのかという疑問が生じるかもしれない。もっともである。温泉とは文字どおり、温かく湧き出る泉なのだから。

鉄輪温泉の湯煙

日本の温泉法で定義される温泉には、炭化水素を主成分とする天然ガスを除いて、地中より湧出する水蒸気やその他のガスも含まれる。こうした代表的な温泉として、別府の鉄輪《かんなわ》温泉を挙げることができる。遠くから鉄輪に近づいていくと、湯の町のあちこちに湯煙が立ち昇り、温泉にやって来たという感慨を覚える。実際、鉄輪温泉には湯治の雰囲気を残す貸間旅館が立ち並び、湯煙がもうもうと立ち上る景観は印象的で、温泉情緒をかき立てられる。ただし、〝水を掛ける〟ようで悪いが、その湯煙の実体は水蒸気である。温泉掘削をし過ぎたせいで、水脈が得られず、温泉水の代わりに蒸気が噴出している。その水蒸気に水道の〝水を掛ける〟ことによって温泉を製造しているという（松田忠徳『温泉教授の温泉ゼミナール』光文社新書、二〇〇一年）。それはしかし、鉄輪温泉のすべての旅館・ホテルがそうして温泉を製造しているわけではなく、その一部であることを強調しておきたい。私がこれまで宿泊した鉄輪の旅館は、すべて源泉より湧出した温泉を引いている。

鉄輪温泉を象徴するのは、その中心部にある別府市営「鉄輪むし湯」である。この蒸し湯（石風呂ともいわれる）には、時宗の開祖である一遍上人ゆかりの伝承がある。上人が九州巡錫の折に造ったといわれ、石菖《せきしょう》という菖蒲に似た薬草を床に敷き、その上に人が横たわって蒸気を引き込んで蒸す、という古式にのっとった入浴法が受け継がれている。現在のむし湯の石室は八畳ほどの広さで、温泉で熱せられた床の上に石菖が敷き詰められている。この上にレンタルで借りた浴衣で横たわるのだが、あまりに熱くて私は五分ほどしか入っておられなかった。ただ石菖はなかなかよい匂いで、「豊後鉄輪　むし湯の帰り　肌に石菖の香が残る」と、詩人の野口雨情が詠っているほど。この雨情の詩碑は、「鉄輪むし湯」の前の広場に建っている。

別府市内には「特別保護地域」といわれるものが三地域ある。南部、亀川そして鉄輪の各地域である。この地域では、かなり以前から新規の温泉掘削は禁止されている（ただし、湯が枯渇して代替の泉源を掘削する場合は認められている）。それだけ、これまでの乱開発によって温泉が枯渇するという危機に見舞われたからである。

別府市内にある京都大学地球熱学研究施設によると、別府の温泉供給源は、鶴見岳周辺のマグマだまり。雨水などが地下に浸透し、五〇年ほどで「温泉」が出来上がるという。降水量から計算すると、自然界の一日当たりの温泉生産力は六万トンから七万トン。これに対し、一日の温泉採取可能量は約一三万トンとされる。別府八湯の全泉量がフル稼働すると、需要が供給を上回る事態が生じることになる。

もし、こうした事態が生じて温泉の使用量が自然界の供給を上回ると、低温の地下水が温泉水層に入り込み、温泉温度の低下や泉質に変化が出てくるおそれがあるという。この京大の昭和六一（一九八六）年の調査では、別府市内の一日当たりの使用量は約五万トンで、ほぼ供給量の限界に達している。源泉周辺の住宅開発などで地下への雨水浸透率が下がると、植林などによって保水力を高めなければ、将来温泉が枯渇する事態も考えられるのである。こうした問題は、何も別府に限った話ではない。

箱根と人造温泉

鉄輪温泉の一部では、水蒸気に水を掛けるという方法で温泉を製造していると述べたが、日本の他の温泉でもあり得ない話ではない。このようにして製造された〝人造温泉〟が日本各地に存在するのである。たとえば、箱根の大湧谷《おおわくだに》では、箱根温泉供給会社というところが高温で噴出する水蒸気や硫化水素ガスに地下水を入れ、人造の温泉を作り出している。それが仙石原や強羅《ごうら》の各温泉に引き湯されている。人造とはいえ、蒸気に当てられて真っ白に白濁し、硫黄臭も強い温泉に入浴すると、ほとんどの人はそれが人工的に造成された温泉であることに気がつかないだろう。温泉法の定義によれば、これも立派な温泉である（ただし厳密に言えば、温泉法には、「温泉とは地中からゆう出する温水及び水蒸気その他のガスで別表に掲げる温度又は物質を有するもの」とは書いているものの、水蒸気やその他のガスに水を入れたものを温泉とは書いていない）。

よく「天然温泉」という言葉を聞く。通常のイメージでは、動力による掘削をしないで地中から自然に湧出する温泉、あるいは源泉かけ流しの温泉をイメージする。**表1**で説明したように、こんな温泉は日本ではそれほど多くない。これほど曖昧な言葉もないが、それでも天然温泉という用語は、温泉のキャッチフレーズとして欠かせない。天然温泉というのは、つまるところ、温泉法で定義される温泉のことである。温泉法で定義される温泉の対象となるものは、すべて「天然温泉」と名乗っても法律上は何の問題にもならない。だが現実は、温泉法の定義にかなう温泉が「天然温泉」というイメージと乖離《かいり》している場合が圧倒的に多い。

温泉法はトリプルスタンダード

大事な点なのでもう一度繰り返す。現行の温泉法は、地中から湧き出す温水の温度が「セ氏二五度以上」、または「一八種類の鉱物質のいずれか一つが一定量以上か、あるいは鉱物質の総量が一定量以上ある」という二つの基準のいずれか一つでも満たせば温泉と認められる。そのため、湧出する水の温度が二五度未満でも、その水の中に温泉法の規定する一定量以上の物質（いわゆる溶存物質）が含まれていれば、文句なく温泉ということになる。逆に、溶存物質が温泉法の規定する一定量未満でも、水温が二五度以上ならば、立派に「温泉」として認められる。つまり、温泉法の規定によれば、温度か含まれる物質のどちらか一つの条件を満たせば、法律上は「温泉」と認定されるのである。そのため、日本の温泉法はしばしばダブルスタンダード（二重基準）といわれる。

しかし、現行の温泉法というのは、ダブルスタンダードどころか、トリプルスタンダード（三重基準）なのである。どういうことかというと、温泉法では、「遊離炭酸以下一八種類の物質のいずれか一つが一定量以上か、あるいは溶存物質（ガス状のものを除く）の総量が一定量以上ある」と規定されているからである。つまり、「温泉」について言えば、湧出する水の温度が二五度未満、かつ溶存物質が規定する一定量未満のような場合でも、溶存物質の総量が一定量以上あれば、「温泉」と称して大手を振ってとおるのである。すなわち、**表2**にあるように、含有量一キログラム中に、溶存物質が総量で一〇〇〇ミリグラム以上あれば「温泉」なのである。これらの数値基準は、一九一一年、ドイツのバート・マンハイム（マンハイム温泉）での国際会議で採択された「マンハイム決議」に基づいて決められたものである（ただし、マンハイム決議とまったく同じではなく、日本独自のアレンジを加えている）。近年、掘削によって雨後のタケノコのように誕生している大部分の温泉は、このタイプの温泉であると断じても差し支えない。

もう一つ、温泉法の大きな問題としてよく指摘されるのは、地中から湧き出す温泉源、つまり源泉のみを規定の対象とはするが、その源泉を引いた湯船の泉質を規定していないことである。だから、源泉から引いた湯を一〇〇倍以上の水で薄めても、温泉は温泉で、法律的には何の罰則規定もない。たとえば、「スポイト温泉」とか「ローリー湯」と呼ばれる温泉がある。スポイトというのは、化学の実験などで液体をある試験管から別の試験管に移し替えるガラス管である。そこから生まれたのが「スポイト温泉」という表現だ。源泉を大量の水で薄めて使っている温泉施設を揶揄した言葉である。現行の温泉法では極端な場合、一滴でも温泉が入っていれば「温泉使用施設」を名乗ることができる。それは偽装表示にもならない。

これに対してローリー湯というは、遠方からタンクローリーで源泉を運んで来て、ホテルや旅館の浴槽に入れて温め直したものである。これも現行の温泉法では立派な温泉である。つまり、温泉法は、あくまでも源泉の温度や成分のみを対象にし、その源泉をどういう形で利用しているかはまったく問題にしない。浴槽の湯を一週間循環し続けても「温泉」に変わりはない。そうしたことから、現行の日本の温泉法はしばしば〝ザル法〟といわれるのである。第6章でも述べるように、そのことが温泉をめぐるさまざまな問題を引き起こす大きな原因となっている。

温泉・鉱泉・療養泉

これまであまり細部にこだわらないようにして、温泉の用語についての専門的な説明は避けてきた。**表2**に示されているように、「遊離炭酸」とか、「リチウムイオン」などと言っても、化学音痴の私の知るところではない。それでも、温泉についての本などを読んでいると、よく源泉とか、鉱泉とか、療養泉といった言葉に出くわすことが多い。なんとなくわかっているようでわからない。以下、なるべく簡単に説明しておこう。

まず、「源泉」というのは、地中から温泉水が湧き出る場所を指している。これに対して、「温泉」とは、その源泉から湯を引いている旅館やホテルなどの入浴施設を意味する。ふつう、源泉から湧出した湯は、パイプや誘導溝を経由して浴槽などの入浴施設に導かれる（これを引き湯という）。しかし、一部の自然湧出型の温泉には、源泉のすぐ上に入浴施設が設置されているケースもある。これが可能なのは、湧出温度がほぼ適温である場合に限られる。ニセコ薬師温泉のニセコ薬師温泉旅館（北海道）、酸ヶ湯温泉の酸ヶ湯温泉旅館（青森県）、乳頭温泉郷の鶴の湯旅館（秋田県）、法師温泉の長寿館（群馬県）、明礬温泉別府保養ランド（いわゆる紺屋地獄）の鉱泥大浴場（大分県）、地獄温泉清風荘「すずめの湯」（熊本県）などが、その代表的なものである。

次に、「鉱泉」という言葉も頻繁に使われる。「温泉」と「鉱泉」はよく混同して用いられる。鉱泉を定義しているのは、「鉱泉分析法指針」である。これは昭和二六（一九五一）年、当時の厚生省（現・厚生労働省）が制定した「温泉分析法指針」を平成一四（二〇〇二）年に最終改定した行政指針である。この鉱泉分析法指針によると、「鉱泉とは、地中から湧出する温水および鉱水の泉水で、多量の固形物質、またはガス状物質、もしくは特殊な物質を含み、あるいは泉質が、源泉周囲の年平均気温より常に著しく高いものをいう」とある。温泉法はトリプルスタンダードで、いくつかの問題があると述べたが、この行政指針はもっとわかりにくい。平たく言うと、鉱泉というのは、「地中から湧きだす水で、多くの成分が溶け、ふつうの水（常水）よりも温度が高いもの」を指している。だが、一般の人が鉱泉という言葉を耳にすると、地表に湧き出る温度は低いが、身体に良い有効な成分をたくさん含んでいて治癒効果が高い「水」というイメージを持っているのではなかろうか。

ともあれ、「鉱泉分析法指針」における鉱泉の定義は「温泉法」における温泉の定義以上にあいまいで、両者の区別を混迷させているように思われる。温泉法に屋上屋を架すような行政指針を追加することで、温泉の定義はいっそう複雑化している。無いほうがよいというのが私の正直な感想だ。

さらに言えば、「鉱泉分析法指針」では「鉱泉」に加え、「療養泉」を定義している。それによると、この行政指針に定義される鉱泉に該当するもののうち、何らかの生理的作用（治療効果）を持つと認められるもの、換言すれば、「鉱泉のうち、とくに治療の目的に供しうるもの」が「療養泉」なのである。

それにつけても、納得のできない日本の温泉行政ではある。利用者にとっての医学的な治療効果を考えると、もっとも大事だと思われる療養泉については温泉法で一言も触れず、「鉱泉分析法指針」という複雑な行政マニュアルにゆだねているだけである。国民の健康や温泉利用のことを考えると、法律およびそれと整合的な行政指導の必要性が痛感される。ますます高齢社会の進展が見込まれる現状では、それを支える温泉に関する法的・行政的なインフラの整備を急がなければならない。先にも記したように、温泉法第一条は、「公共の福祉の増進に寄与するものとすることを目的とする」と

表３　温泉の泉質

単純泉	最も多い泉質ながら名湯といわれるものに数多く、効能もさまざま。
二酸化炭素泉	炭酸ガス成分が溶けて気泡が出るのが特徴。低温で保温性が高く、二酸化炭素による血行促進効果や、飲泉では食欲増進効果があるとされる。
炭酸水素塩泉	皮膚の清浄作用や浴後の清涼感があり、肌がなめらかになる。飲泉では痛風や慢性胃潰瘍・十二指腸潰瘍によいという。
塩化物泉	海水に似た食塩を含む温泉。塩分が汗の蒸発を防ぐことで保温効果が高い。
硫酸塩泉	酵素を血液に多く送る作用があり、硫化水素による血管の拡張効果から動脈硬化予防に役立ち、また保温効果があるとされる。飲泉では慢性便秘の改善や胆汁の分泌を促す。
含鉄泉	鉄分を含み空気に触れると無色から褐色ないし赤錆色に変化。入浴・飲泉とも貧血を改善する効果が期待される。
硫黄泉	硫化水素ガスの臭いと湯の花が特徴。末梢血管の拡張や肌をなめらかにする効果がある。
酸性泉	酸性が強く殺菌効果が高いため水虫に有効という。肌の弱い人は浴後、真水で洗うとよい。
ラジウム泉	ラドン泉ともいう。尿酸を尿から出し、痛風や神経痛によいとされる。

謳っているのだから。

温泉の泉質

温泉に行くと、脱衣場の出入口や浴室内に「温泉分析書」が掲示されている。これは、温泉法の規定によって掲示が義務付けられているものだ。源泉の温度、湧出量、温泉の成分や適応症などを記載することになっている。ただ、ほとんど数字ばかりが羅列されているうえ、専門用語が並んでいるので、温泉ソムリエにでもなろうとしない限り、一般の人には相当むずかしい。以下では、知っておいたら便利だと思われる温泉の泉質や特徴について、なるべくわかりやすくアレンジして表にまとめることにした。**表3**がそれである。

この表では、一般に分類される九種類の温泉、すなわち、①単純泉、②二酸化炭素泉、③炭酸水素塩泉、④塩化物泉、⑤硫酸塩泉、⑥含鉄泉、⑦硫黄泉、⑧酸性泉、⑨ラジウム泉、ごとに特徴や効能をまとめている。

温泉は生きている

湧出する温泉水の量より掘削によって汲み上げる量のほうが上回ると、いずれ泉源が枯渇してしまうのは理の当然だ。この湧出量より揚湯量が上回るという状況は、戦後の高度成長期以降、とりわけ一九八八年から翌年にかけての竹下昇内閣時に顕著になった。「ふるさと創生資金」に基づく巨額のおカネが全国の市町村にばらまかれ、ほとんどの自治体が、温泉資源開発と第三セクター方式による公共温泉建設に参入したからである。温泉を掘削した全国二五二自治体の成功率は実に八五％と驚異的だった（石川理『温泉法則』集英社新書、二〇〇三年）。このような風潮が全国に広がると、さすがに温泉大国日本といえども、湧出量が揚湯量を上回る（供給が需要を上回る）というパターンが崩れ、そのことが濾過・循環型の風呂の隆盛とレジオネラ菌による集団感染事故などの悲劇をもたらす淵源となった（詳しくは第6章参照）。湧出量が揚湯量を上回るというパターンが崩れることは、その温泉の泉質に大きな影響を及ぼす。この点を簡単に説明しておきたい。

すでに説明したように、温泉の湧出形態には、大別すると「自然湧出」、「掘削自噴」、「動力揚湯」の三つがある。これらの中で、多くの濃厚な成分を含んで最も泉質が優れているが、数が一番少ないのは人間の手を借りずに自然に湧出した温泉である。こうした自然湧出型の温泉は完全に密閉された地中から地表に出ると、ただちに劣化が始まり、変質してしまう。地中では高温・高圧で無酸素の状態に置かれている温泉が、地表に湧出して低温・低圧の状態に移され酸素に触れてしまうと、湯の色が変わり成分も劣化する。こうして湯が変質してしまうことを温泉の〝老化現象〟という。湯が濁っている温泉、いわゆる〝にごり湯〟のたぐいは、地中にある間は無色透明であるが、地表に出て空気に触れた瞬間に変色する。有馬温泉「金の湯」の赤錆色の湯、長野県白骨温泉「泡の湯」の白濁した湯、同下諏訪温泉に近い毒沢鉱泉「神之湯」の真っ黒な湯などは、すべて湧出した時点では無色透明である。が、すぐに〝にごり湯〟に変質する。それはあたかも、瓶ビールの栓を抜くと泡が出て炭酸ガスが逃げ出してしまう現象に似ている。泡が出た瞬間のビールはおいしいけれど、泡が消えて〝気の抜けた〟ビールはよろしくない。温泉についても同じことが言える。

内科医で、大正天皇の侍医であった西川義方は、温泉に関する著書でも知られている。彼は、『温泉須知』（診断と治療社出版部、一九三七年）という本でこう書いている。「温泉は湧出直後には、物理化学的にも、生物学的にも、不安定ではあるが、しかしながら、活性のある、効率の高い状態にある。これを温泉の処女性と唱え、温泉の利用上甚《はなは》だ必要なことであるが、この活性、この処女性は、湧出後数時間にして減消するものである。これを温泉の老成現象と称える」。

彼はまた『温泉言志』（人文書院、一九四三年）において、「温泉は『生き物』である。だから、その研究や利用は、どうしても処女性のある間に用いなければ、完全ではないのである」、「日本では、温泉が多いために、湧出現地で、昔からそのいわゆる活性が利用されているところが多い。これは、まことに仕合せなことであり、日本の誇りでもある」と述べている。次のようにも言う。「温泉を遠方へ運んだものや、湧出してから長い時間を経たものを用いたり、あるいは人口温泉を用いたりするようなことは、湧出したばかりの温泉のみにある処女性の効能を考えないのであって、そんな用い方では、効能は著しく減失される」。現時点からみても、まことに的確な指摘であると思われる。

さらに西川義方は『温泉讀本』（実業之日本社、一九五八年）の冒頭で次のように記している。「温泉の作用は、その温水の温熱作用と、含有している鉱物質や、ガス体のために起こる理化学的な作用や、生物学的な作用、それから転地による気候の作用や、食養法、休養、娯楽、運動等による精神作用等を総合した作用であるから、温泉からの見方と、病人からの見方と、この二つを併せて温泉を選択せねばならぬ」。無数にある日本各地の温泉の中で、どの温泉を選択するのか、その選択の基準をこう述べるのである。

西川が強調した「温泉は生き物である」という主張は、服部安蔵『温泉の指針』（廣川書店、一九五九年）においても共有されている。彼は次のように述べている。「わが国の温泉は世界第一位の優位にあることは明確であるが、ただ利用面においては諸外国の療養本位に利用されているのに対して、単に享楽本位に乱用されている傾向著しく、療養施設と医療面の指導が不備なることは世界に類をみず、かつ近時無計画な温泉地の膨張により乱掘源泉の枯渇荒廃著しく、泉温の低下および自然湧出量は年々減少の一途をたどり現在厚生省の調査によれば総数の二六％が僅かに自然湧出を保ちその他の七四％はポンプ湧出の余儀なきに至った現況はまことに遺憾に堪えない」。このような源泉掘削の現状を嘆いたうえで、「この頃温泉は、活きているとよくいわれるとおり、湯のわき口で入浴の場合に較べてわき口から遠ざかるほど効果がうすらぎ、源泉で効果のある温泉でも、これを樽詰めにして持ち帰ったり自宅で用いてもその効果はほとんどあてにならなくなる」という。薬学博士である服部は、薬学の観点から見て、「活きている」温泉の活用を重視する。

こうした西川や服部の見方は、実は、江戸時代初期に活躍した貝原益軒（一六三〇―一七一四年）にも見出されるのである。益軒は有名な『養生訓』という本の中で次のように述べている。「温泉ある処《ところ》に、いたりがたき人は、遠所に汲《くみ》よせて浴す。汲湯《くみゆ》と云《いう》。寒月は水の性損ぜずして、是を浴せば、少益あらんか。しかれども、温泉の地よりわき出たる温熱の気を失ひて、陽気きえつきて、くさりたる水なれば、清水の新に汲めるよりは、性おとるべきかといふ人あり」（傍点は筆者）。すなわち、温泉は地表に湧出してしばらく経つと、〝くさりたる水〟となり、効果を失ってしまうという。

ここで再び有馬温泉に登場してもらおう。有馬はこれまで、地震や大雨洪水などの天変地異によって壊滅的な被害を受けている。たとえば『有馬温泉小鑑』には次のように記されている。「人王七十三代堀川院の御宇承徳《じょうとく》元年ひのとの丑《うし》のとし、淫雨《いんう》洪水して、山谷《さんこく》をくつがえし、民屋坊舎浴《みんおくぼうしゃよく》室湯壺《しつゆつぼ》迄ことごとく沈没して、一同に破滅せり。その程ようやく九十五年が間とり立つるわざもなく絶えはてにければ草木ふかくしげり、むなしく禽獣《きんじゅう》のすみかと成り、人倫《じんりん》すむ事を得ざりき」。この承徳元（一〇九七）年の被害はすさまじかったようで、風早恂編『有馬温泉史料　上巻』（名著出版、一九八一年）には、「承徳元年八月五日、大雨洪水アリ、為に、有馬ノ温泉壊滅スト伝ウ」とあり、同書にある『中右記《ちゅうゆうき》』にもその大雨洪水による有馬の状況がより詳しく述べられている。

時代が下って江戸時代にも有馬は壊滅的な打撃を受ける。小澤清躬著『有馬温泉史話』（五典書院、一九三八年）には次のような記述がある。「慶長元（一五九六）年の大地震には、急に熱湯の如く上昇して入浴不可能の状態になったので、湯山（有馬の旧名）の町民は非常に驚いたが、手のつけようもなく当惑したあげく、幸いに豊公（豊臣秀吉）がたびたび入湯にきているので、公に願い出てその復旧を謀った。そこで豊公の泉源の根本的大改修となって温度もほぼ回復したのであった」。それに対して天明三（一七八三）年の大地震の際には、「従来とは反対に、水のごとく冷たくなったような変化の起ったこともあった」。この大地震については、風早恂編『有馬温泉資料　下巻』（名著出版、一九八八年）に「七月六日、信濃浅間山大爆発アリ、有馬温泉ノ温度著シク低下ス、震動止ミテ回復ス」と書かれている。これは、浅間山の爆発によって遠く離れた有馬の泉温が大幅に下がったことの証左である。いかにこの爆発がすさまじかったかをうかがい知ることができる。

有馬温泉の旅館・ホテルは先の阪神淡路大震災で大打撃を受けた。だが、それ以前にも何度も地震や洪水などに襲われ、その都度、不死鳥のように立ち上がってきた。忘れてならないのは、こうした天変地異による打撃によってしばしば湯が枯渇するような危機に追い込まれ、温泉の枯渇のみならず湯温の大幅な変化も生じたことである。温泉は常に同じ状況にあるのではなく、泉源の開発や自然環境の変化を受けて絶えず変化を続けている。温泉は生きているのである。

第2章

温泉の歴史

鳥獣による発見伝説

温泉大国日本には、昔から無数の温泉が知られている。これらの温泉の歴史を体系的に記述するのはなかなかむずかしい。ここではまず、温泉の発見伝説を手始めに温泉の歴史を考える糸口にしたい。

古くから知られている温泉には、必ずと言ってよいほど温泉発見についての伝説がある。この温泉発見伝説にはさまざまなタイプがあるが、一番多いのは鳥獣による発見伝説だろう。このうち、獣による発見伝説を拾ってみよう。まず、鹿が発見した温泉としては、酸《す》ヶ湯温泉（青森県）、那須温泉（栃木県）、蛾々温泉（宮城県）、鹿沢《かざわ》温泉（長野県）、鹿塩《かしお》温泉（同）、鹿教湯《かけゆ》温泉（同）、山鹿《やまが》温泉（熊本県）などが知られている。熊が発見した湯としては、熊の湯温泉（長野県）、野沢温泉（同）などがあり、猿が発見した湯には、猿倉温泉（青森県）、鉛温泉（岩手県）、平湯温泉（岐阜県）、越中山田温泉（富山県）、俵山温泉（山口県）、湯平《ゆのひら》温泉（大分県）などが挙げられる。また、狐が発見した湯には湯田温泉（山口県）があるし、狸が発見した湯には湯河原温泉（神奈川県）や温泉津《ゆのつ》温泉（島根県）があり、猪が発見した湯には伊東温泉（静岡県）、栃木《とちのき》温泉（熊本県）が知られている。さらに、牛が発見した湯として塩狩温泉（北海道）および大鰐温泉（青森県）などがあり、白狼が発見した湯として三朝温泉（鳥取県）が思い浮かぶ。

こうした獣に対して鳥が発見した温泉も多い。白鷺が発見した温泉には、和倉温泉（富山県）、下呂温泉（岐阜県）、浜村温泉（鳥取県）、道後温泉（愛媛県）、武雄温泉（佐賀県）が代表格である。

鶴が発見したといわれる温泉も少なくない。鶴の湯温泉（秋田県）、温海《あつみ》温泉（山形県）、上山《かみのやま》温泉（同）、原鶴温泉（福岡県）、湯の鶴温泉（熊本県）などを挙げることができる。このほか、鷹が発見した温泉として、白布《しらぶ》温泉（山形県）、鷹ノ巣温泉（新潟県）、松之山温泉（同）がある。さらに、コウノトリが発見した湯として知られるものに城崎温泉（兵庫県）、鶯が発見したものには鶯宿《おうしゅく》温泉（岩手県）、鳩が発見したものには、大牧温泉（富山県）などがあるといった具合である。

鳥獣発見伝承の次に多いのが、行者、名僧、武将など歴史上の有名な人物による温泉発見伝説である。たとえば、行基が発見した温泉として東山温泉（福島県）や渋温泉（長野県）、山中温泉（石川県）、吉奈温泉（静岡県）などがあり、弘法大師（空海）が発見した温泉として、恐山温泉（青森県）、温海《あつみ》温泉（山形県）、法師温泉（群馬県）、修善寺温泉（静岡県）などがある。第1章でも触れたように、一遍上人は別府・鉄輪温泉の石風呂を開いたとして知られている。また武田信玄が将兵の戦傷を癒すために増富ラジウム温泉（山梨県）、積翠寺《せきすいじ》温泉（同）、下部温泉（同）、毒沢鉱泉（長野県）などの多くの〝隠し湯〟を開いたと伝えられる。これに対し上杉謙信は燕温泉（新潟県）、貝掛温泉（同）、猿ヶ京温泉（群馬県）などを開湯したといわれる。少し変わったところでは、小野川温泉（山形県）は小野小町が発見した湯と喧伝されている。

神話の温泉

こうした歴史上の人物による発見伝説とは別に、神話上の人物による発見伝説も少なくない。その代表的な例として、有馬、白浜温泉と並ぶ「日本三古湯」の一つ、道後温泉を取り上げよう。

道後温泉は古くから伊予の湯あるいは熟田津《にぎたつ》の湯と呼ばれ、先にも触れたように、白鷺によって発見された温泉として有名であるが、大国主命《おおくにぬしのみこと》による開湯伝説も残っている。『風土記』（吉野裕訳、平凡社、二〇〇〇年）を引くと、次のように述べられている。「伊予の国の風土記にいう、——湯の郡。大穴持命《おおあなもちのみこと》（大国主命の別称）は、見て後悔し恥じて、宿奈毘古那命《すくなひこなのみこと》（少彦名命）を活かしたいと思い、大分の速見の湯（現在の別府温泉）を下樋（地下樋）によって持ってきて宿奈毘古那命に浴びさせたので、しばらくして生きかえって起きあがられて、いとものんびりと長大息して「ほんのちょっと寝たわい」といって四股を踏んだが、その踏んだ足跡のところは、今なお温泉の中の石に残っている」。神話の時代、大国主命と少彦名命が出雲の国から伊予の国へと旅していたところ、長旅の疲れから少彦名命が急病に苦しんだ。大国主命が大分の「速見の湯」を海底に管を通して道後に導き、少彦名命を手のひらに載せて温泉に浸し、温めていたところ、たちまち元気を取り戻して、喜んだ少彦名命は石の上で踊り出したというのである。この模様を模して、道後温泉本館の湯釜の正面には二人の神様が彫り込まれている。また、その上で舞ったという石は道後温泉本館の北側に「玉の石」として置かれている。

以上のように、「伊予国風土記」逸文（散逸して一部分のみ残る文章）は、別府温泉と道後温泉は地下でつながっているという。神話の世界はなんと壮大なのだろうか。しかし、こんな話を信じる者は誰一人としていないはずだ。ところが私は最近、この話はまったくのデタラメともいえないように思っている。どういうことか、素人の気安さから大胆な仮説を提示してみよう。

中央構造線という断層がある。日本最大級の断層で、関東から九州へと西南日本を縦断する大断層である。この断層は、四国の一部とくに松山周辺を通って大分県の真ん中を横切っている。私がいま何を言わんとしているのか、お分かりだろうか。道後温泉と別府温泉とはこの中央構造線に属し、地中深くを同じ水脈が通っていると言いたいのである。ちなみに、道後温泉の泉質は単純泉、別府温泉の泉質は一〇種類にのぼっているが、湧出量が最も多いのはやはり単純泉である。空想の翼を広げるのは面白い。

以前、ＪＲ飯田線に乗って長野県の南部、大鹿村を訪れたことがある。目的は、この村にある鹿塩温泉に入浴するためである。鹿塩温泉は南アルプス山麓の秘湯で、塩分の濃い澄明な湯である。こんな南アルプスの奥深い山の中に、なぜ海水とほぼ同じ濃度の塩水が湧出するのか不思議だった。村の観光施設「塩の里」には、大釜を使って製塩を行っていて、にがり成分をほとんど含まない塩が特産品直売所で売られていた。この村の塩水が湧く場所は、村を南北に貫く中央構造線の東側に集中していることから、この周辺の地質が塩水の湧く原因であると考えられている。ただし、まだ立証されていないそうだ。村には、「中央構造線博物館」という立派な建物がつくられていて、誰も入館者がいない館内で断層の模型を前に、館長さんから丁寧な説明を受けたものだ。こんな話を思い浮かべると、別府温泉と道後温泉の湯が中央構造線を媒介にしてつながっているという〝大仮説〟は、それほど荒唐無稽な仮説でもないように思われる。

神話に登場する温泉としては、佐賀県を代表する二つの温泉、嬉野温泉と武雄温泉も有名だ。嬉野温泉は、神功皇后が新羅を攻略して凱旋した帰途、白鶴を見つけたが、傷を負っていて心配していたところ、河原に舞い降りて湯浴みをすれば、再び元気になって去っていくのを見て「あな、うれしや」と感嘆された。嬉野という地名は、この逸話にちなんでいるとされる。武雄温泉にも、神功皇后の凱旋の途上、太刀の柄《つか》で岩をひと突きしたところ、たちどころに湯が湧き出たという伝説が残っている。その伝説にちなんで武雄は古くは「柄崎温泉」と呼ばれていた。

有馬温泉の発見伝説

有馬温泉の発見伝説については、小澤清躬の『有馬温泉史話』の冒頭に簡潔に記述されている。これを引用してみよう。

「有馬の温泉は温泉寺縁起の伝えるところによれば神代の昔、大巳貴命（大国主命の別称）・少彦名命の二神に発見されたもので、わが国温泉の最初のものといわれている。

温泉から東南三丁ばかり、新地という湯泉神社御旅所のかたわらに、穴虫とよぶ清冽な清水の湧出するところがある。ここは大巳貴命の降臨の遺跡であって、昔はあなむちと呼んだのを、後に穴虫と転訛したものだと言い伝えており、その傍に鎮座石といって幅七尺ばかり、高さ三尺五寸ばかりの巨大な石が二つある。

有馬の三羽烏像

また有馬の三羽烏という伝説がある。それは二神降臨の際に三羽の傷ついた烏が、ある水溜りで水浴していたが、数日にしてその傷が癒えてしまった。その水溜りが今の温泉であって、すなわちこのことによって二神が温泉を発見されたのであるから、それから後は烏は三羽だけ有馬に棲むことを許されたというのである」（引用文は、現代仮名遣いに改めるなど一部修正）。

この有馬温泉の発見伝説は、大国主命と少彦名命によって発見されたという点では道後温泉と同じであり、また有馬がカラスによって発見され、道後が白鷺によって発見されたという点でも似通っている。ただ、動物が発見したという温泉は数えきれないほどあるけれども、カラスが発見した温泉というのは有馬温泉以外にはないようだ。有馬温泉の中心、温泉寺のそばに「有馬の工房」があるが、この入り口には有馬温泉の大恩人である行基の像と並んで三羽烏の像が建てられている。

こうして有馬は大国主命と少彦名命の二神に発見され、三羽のカラスがその発見を導いたとされている。それに加えて天皇が何度も行幸した湯としても有名である。風早恂編『有馬温泉資料』（上巻）によれば、「日本書紀」の舒明天皇三（六三一）年に「九月十九日、舒明天皇、摂津国有間（有馬）温湯ニ幸ス」、同じく「日本書紀」舒明天皇一〇（六三八）年には「十月、舒明天皇、再ビ有間温湯ニ行ス」とある。さらに「日本書紀」大化三（六四七）年には「大化三年十月十一日、孝徳天皇、有間温湯ニ幸ス」と記されている。『有馬温泉資料』を読み進めていくと、多くの天皇や皇族、貴族、僧侶、神官、武家など多彩な人物が頻繁に訪れていることに驚かされる。おそらく全国の温泉の中で有馬ほど有名な人物が足を運んでいる温泉は他にないように思われる。

以上述べたように、全国各地の温泉、とくに有名な温泉には必ずといってよいほど鳥獣や行者、高僧、武将などによる発見伝説があり、また神話上の人物による発見伝説ないし開湯伝説が残っている。こうした伝説が生まれた理由はよくわからない。ただ、温泉に入ることによって身体の疲れが癒されたり、傷が治ったり、痛みが和らいだり、肌がきれいになったりといった経験を重ねるにつれて、温泉の効力に気付くようになったのではあるまいか。そして通常の水にはないその効力を崇めるために、〝霊泉〟や〝神泉〟、あるいは〝神の湯〟や〝釈迦の湯〟などといった言葉が生まれたのであろう。また、入浴の効果の信憑性を高めたり温泉の権威付けを図る便法として、鳥獣や歴史上の人物、神話上の人物による発見伝説・開湯伝説が生み出されたものと推測しうる。

縄文時代の入浴

長野県の上諏訪温泉は全国有数の温泉湧出量を誇り、諏訪湖の東北岸から市街地にかけて、いたるところに温泉が湧き出す。私が最初に上諏訪を訪れたのは昭和三三（一九五八）年、高校一年生の時である。

昭和三九（一九六四）年、上諏訪駅前のデパート建設現場から縄文人の温泉跡が発掘された。私が最初に上諏訪を訪問した六年後のことだ。発掘したのは、長野県考古学会長であった故藤森栄一である。藤森は明治四四（一九一一）年諏訪市に生まれ、諏訪中学（現・諏訪清陵高校）を卒業したのち、家業の本屋を営むかたわら、考古学の研究に情熱を傾けた。在野の考古学者として知られている。彼は『縄文の世界』（藤森栄一全集第四巻、講談社）の中で、この発掘について次のように述べている。

「いったい、人間は何時ころから湯に入っただろうか。現上諏訪駅前のデパートの建設工事のとき、地下五・五メートルの真黒な有機土層で、大石がごろごろと、ほぼ環状にならんだところがあった。硫化物の臭いが鼻をうった。硫黄質の湯がわいていたことは確実である。そしてその大石の破れ目やその付近一帯から、爪型文の土器片や、刃だけ鋭く砥いだ局部磨石斧などがたくさん出てきた。いずれも湯垢《ゆあか》らしいものがこびりついている。これは、約六〇〇〇年前の縄文前期はじめ、子母口（神奈川県の標式遺跡）式という文化の人々である。私はいまのところ、はっきりわかる日本最古の入浴資料だと信じている」。

さらに次のように続けている。「類推できるところでは、もっと古い例もある。駅前の片羽町遺跡の約六〇〇〇年よりもさらに古く、旧石器時代末の曽根人という人々は街はずれの大和の湖岸から二メートルほどの深さの、いまの湖底でくらしていた。その村の外回りには、いくつかの湖底湯釜、釜穴があり、近くには七ッ釜、三ッ釜とよぶ諏訪温泉最大の湧出孔があった。湖底にくらしていたというのは湖の水位が、いまの海抜七五九・七メートルより、すくなくとも二メートル以上低かったのである。曽根期、この約一万年もさかのぼる時代は洪積世の最後の氷河時代が終わり、次第に現世の温暖期がやって来ようとしつつある時だった。寒冷と乾燥、湖の水は乾し上がり、太平洋を南下してきたサケやマスの大群は、天竜川をはるか遡上してきて、この村の付近の砂の多い小川まで殺到したと思われる。……曽根人も同じく、魚を茹で、また、寒気をさけて入浴もしただろうことは、至極、当然な類推といえる」。

このように諏訪湖付近では、縄文時代はもちろん、旧石器時代から人々が温かい湯に入浴していたというのである。

出雲国風土記

作家のアルブ・リトル・クルーチェは、『水と温泉の文化史』（三省堂、一九九六年）の中で次のように述べている。「沐浴崇拝には、沐浴する者の、肉体に対する意識や罪の概念、裸体に関する認識、くつろぎについての考え方、宗教観といったものが反映される。ほとんどの社会で、人間は水と物理的に接触する手段として、沐浴を発展させてきた。社会を構成するメンバーの好みや環境の特質によって、方法はさまざまに異なるが、どの社会の沐浴にも、宗教、治療、社交といった共通の要素があるようだ」。

彼女のいう沐浴崇拝は神道と結びついて古代からわが国で発達した。彼女は言う。「一人一人が日々体を清潔にすることと、儀式としての禊《みそぎ》は、ともに日本文化の重要な部分を占めてきた。心身の浄化は、神道の根本でもある。紀元五五二年、仏教が入ってくると、その教義は、神道の『禊を通して魂を清める』という考え方と、うまい具合に結びついた」。

クルーチェが言うように、日本では神道の儀式としての禊と自然に湧出する温泉が結びついたことは容易に想像される。古代の人々は身体の〝けがれ〟を取り除くと同時に、入浴それ自体を楽しむということに大きな歓びを感じていたのではないだろうか。

『出雲国風土記』の次の一文はそんなことを思わせる。「忌部《いむべ》の神戸、郡役所の真西二十一里二百六十歩である。国造が神吉詞《かむよごと》の望《ほがい》（朝廷の祭祀に奏する祝福の言葉―引用者）に、朝廷に参向するときの、御沐《みそぎ》の忌里《いみざと》である。だから忌部という。この川（玉造川）のほとりに温泉が出ている。出湯のある場所は、海と陸との風光を兼備したところである。それで男も女も老いも若きも、あるいは陸の街道や小路をぞろぞろ歩いて引きもきらず、あるいは海中の洲に沿って日ごとに集まって、まるで市がたったようにみんな入り乱れて酒宴をし遊んでいる。一度温泉に洗えばたちまち姿も貌もきりりと立派になり、再び浸ればたちまち万病ことごとく消え去り、昔から今にいたるまで効験がないということはない。だから神の湯といっているのである」（吉野裕訳『風土記』、平凡社、二〇〇〇年）。この一文には、「神の湯」に対する讃嘆の念と古代人のおおらかな沐浴の楽しさが溢れている。

『出雲国風土記』には、この地方の他の温泉についての記述も見られる。「飯石《いひし》の郡の堺（境）にある漆仁《しつに》の川のほとりに行くには二十八里ある。ここの川の付近に薬湯《くすりゆ》がある。一度入浴すればたちまち身体はやわらぎおだやかになり、二度入浴すればたちまち万病が消えさってしまう。男も女も、老いたるも若いものも夜昼休まずぞくぞく往来して効験を得ないということはない。それゆえに土地の人は名づけて薬湯という。ここに正倉［国司が管理する倉庫］がある」。この薬湯とは、現在の出雲湯村温泉（島根県雲南市木次町）と推定されている。出雲湯村は、斐伊川沿いにある小さな温泉で、アルカリ性単純温泉である。

次のような記述もある。「古老のいい伝えるところでは、宇能治比古命《うのちひこのみこと》は御祖須我禰命《みおやすがねのみこと》をお恨みになって、北のほうの出雲の海潮《うしお》を押し上げ、御祖の神を漂わせた。その海潮はここまできた。だから得潮という（神亀三年に得潮を海潮と改めた）。ここの東北の須我の小川の湯淵《ゆぶち》の村は、川の中に温泉が出る。同じ川の上流の毛間の村の川の中にも温泉が出る」。この「須我の小川の湯淵の村は、川の中に温泉が出る」というのは、斐伊川の支流、赤川沿いの山あいに湧く海潮《うしお》温泉を指している。海潮温泉は硫酸塩泉で、出雲湯村温泉とは泉質が少し異なるが、どちらも小規模なひなびた温泉である。

『出雲国風土記』は奈良時代の西暦七三三年頃に書かれている。以上の三つの温泉の記述で注目されるのは、玉造川や斐伊川（およびその支流）が入浴の舞台となっていることである。このことは、この時代から禊の習慣が広く行われていたことを示唆している。

禊とは、一般に神仏に祈願するため心身を水で清める行為を指すが、同じ意味で垢離《こり》という言葉も用いられる。このうち、川で行う場合を水垢離、海では潮垢離、温泉では湯垢離《ゆごり》と呼んでいる。熊野詣の旅の途中で湯垢離を行った場所として、湯の峰温泉や湯川温泉が長い歴史をもっている。前者は四世紀ごろに発見された日本最古の温泉といわれる。そこにある「つぼ湯」は有名である。とくに谷川の河原に建つ萱ぶき屋根の湯小屋には日に七度も湯の色が変化するとされる重曹硫化水素泉が湧いている。まさに「つぼ湯」という名にふさわしい小さな湯で、二人ほどしか入れないが、私の好きな温泉だ。

みそぎの文化と魏志倭人伝

落合茂は『洗う風俗史』（未来社、一九八四年）という本で、「はじめに水があった。古代日本人の清浄は、まず水と結びついた」と述べ、古代日本における沐浴の重要性を強調している。彼は「沐浴の動機や目的には、宗教上の儀式、傷病の治療、保健衛生、娯楽などが挙げられるが、なかでも宗教的動機がいちばん大きかったことは、東西ともに共通している。原始宗教では、一般に『けがれ』の観念が強く、病気、災害、犯罪なども、等しくけがれとして外面的にとらえられていたので、それらのたたりから免れるために、水、火、煙、香料などによる浄めが一般的であった」という。

落合は、『万葉集』の「君により言の繁きを古郷の明日香の川に潔身《みさぎ》市に行く」とか、「玉久世の清き河原に身祓《みそぎ》して斎《いわ》ふ命は妹がためこそ」の和歌、『古今集』の「恋せじと御手洗川にせし禊《みそぎ》、神は受けずぞなりにけらしも」、『百人一首』の「風そよぐならの小川の夕暮はみそぎぞ夏のしるしなりける」といった和歌を紹介したうえで、禊の起源は、『古事記』におけるイザナギノミコトが黄泉《よみ》の国から逃げ帰り、日向の橘の阿波伎原（現宮崎市阿波岐原町）で禊祓《みそぎはらい》をしたという故事を紹介している。また三重県・伊勢神宮の五十鈴川には御裳裾川《みもすそがわ》との別称があるが、これは垂仁天皇の皇女である倭姫命《やまとひめのみこと》が裳裾の汚れを濯いだとの伝承に由来するとして、「神前潔斎の象徴的な伝承である」（同書）と述べている。わが国では今でも神社に詣でた時に、手を洗い口をすすぐ習慣がある。これは、古くからの沐浴崇拝に根ざしていることは明らかだろう。

神と沐浴の関係については、『古事記』や『日本書紀』などの指摘よりも古くから知られている。『公衆浴場史』（全国公衆浴場業環境衛生同業組合連合会、一九四二年）には、沐浴の沿革についての説明がある。その中に、三世紀末に書かれた『魏志倭人伝』に触れた興味深い箇所があるので、その一部を引いてみよう。「わが国人が神道の信奉以来、神霊に拝礼または祈願などの場合には、洗浴して心身を清める風習は極めて古い。すでに中国の古書である陳寿著の『魏志倭人伝』中に記述のとおり、原始先人が死穢に際会しては、家人全部が海中にはいって心身を清める古俗があった。これがやがて仏教の影響により神道が漸次に大成すると形式化して、禊となり、海川、湖水、温泉等で洗浴し、さらに神仏習合により、あるいは大小の滝に打たれ、あるいは井戸の給水を掛けることとなり、後にはこれらを水垢離、潮垢離などと呼び、信仰、祭祀の行事例式となった」。この文中、「『魏志倭人伝』中に記述のとおり」とあるのは、「已葬、挙家詣水中、澡浴以如練沐」の部分である。すなわち、人々は喪の期間が明けると、一家を挙げて水辺に赴き、水に浸って沐浴したというのである。

以上のように、日本の温泉の歴史を考えると、日本全国至る所に温泉が湧いていたからそれを利用したという単純な動機にとどまらず、古来より「みそぎの文化」が定着していたという事実を無視することはできない。「みそぎの文化」は、あらゆる自然のものに神が宿っていると信じてきた私たちの遠い祖先の畏敬の念と密接に結び付いているのである。換言すれば、温泉の歴史の出発点にあるのは、神や自然を崇敬するという自然信仰、いわゆるアニミズムの精神であったように思われてならない。

仏教の渡来と入浴―古代・中世の温泉―

古神道から生まれた禊の伝統・習慣があるのに加えて、八―九世紀になると本格的な仏教文化が大陸から入って来る。最澄や空海をはじめ、遣唐使で中国・唐に渡った僧や日本に渡来した大陸の僧が、さまざまな仏教の教典をもたらした。その一つに、『仏説温室洗浴衆僧経《ぶっせつおんじつせんよくしゅうそうきょう》』、略して『温室経』というのがある。これが、日本人にとってはありがたい経典だった。

一言でその内容を言うならば、「湯・風呂に入ると功徳が得られる」というものである。もともと禊という身体を清める習慣があったことに加え、日本列島のあちこちで温泉が湧き出ていたことが、その理由といってよいだろう。この『温室経』と「禊の精神」が融合したおかげで、「風呂好き、清潔好きの民族」が生まれたのではないだろうか。

まして「湯浴みすると功徳が得られる。七つの病を除くことができ、七福が得られる」と説く経典なら、歓迎されたことは容易に想像できる。こうして「温室洗浴」が寺院の大事な事業となった。仏教伝来の影響が広がるにつれて、奈良時代や平安時代のころから寺社の事業として風呂の造営が始まった。当時は、風呂を造って一般の人々を風呂に入れてあげることが施しであり、布教活動の重要な一環としてお坊さんに課せられていたといわれる。

この施浴にまつわる伝承として最も有名なのは、「光明皇后の施浴」の話であろう。光明皇后は仏のお告げにより、奈良・法華寺に浴堂を建て、千人の垢穢《あか》を流す誓いを立てる。ところが、最後の千人目に現れたのは、全身に膿《うみ》をもつ悪疾の患者で、皇后は患者に乞われるまま、その身体の膿まで吸い出してやった。その瞬間、浴堂内に紫雲がたなびき、患者は立ち上がって金色の光を放ち、「我は阿閦仏《あしゅくぶつ》なり」との言葉を残して消え去ったという。この話は、施浴の最も古い伝承として、わが国最初の仏教書といわれる『元亨釈書《げんこうしゃくしょ》』（一三二二年）に載っているものである。

これまで述べたように、道後温泉や有馬温泉の開湯伝説には大国主命と少彦名命が登場するし、古代より温泉には神が宿っているとされ、神湯もしくは薬湯と呼ばれるところも少なくない。道後や有馬だけではない。日本各地の温泉地にはそれぞれの温泉の開湯にかかわった大国主命（大黒さま）と少彦名命（医薬の神）の二神を祀った温泉神社、湯前神社、湯神社などが存在する。有馬温泉の中心にも湯泉《とうせん》神社がある。この神社は有馬の氏神、守護神として崇められている。

当時の人々が、温泉に霊力を感じ、崇拝の対象にしていたことは、各地に温泉神社が造営されていることからも明らかである。延喜式神名帳《じんみょうちょう》、すなわち延長五（九二七）年にまとめられた日本全国の神社の一覧表には、温泉に関係ある神社として、那須温泉郷の那須温泉神社、有馬温泉の湯泉神社、城崎温泉の四所《ししょ》神社、白浜温泉の温泉神社、玉造温泉の玉造湯神社、道後温泉の湯神社、別府・鉄輪温泉の火男火売《ほのおほのめ》神社、熱海温泉の湯前神社など計一五社が記載されている。これらの神社の祭神は、ほとんどの場合、大国主命と少彦名命であるが、城崎の四所神社は湯山主神《ゆやまぬしのかみ》を主神とする四神、鉄輪温泉の火男火売神社は火之加具土命《ほのかぐっちのみこと》と火焼速女命《ひやきはやめのみこと》の二神となっている。この火男火売神社は、時宗の開祖一遍上人が鶴見権現ともいわれる当神社の導きによって、鉄輪温泉の石風呂（蒸し湯）を開いたといわれる。また先に「神話の温泉」のところでも述べたように、道後温泉の開湯伝説には、大国主命が大分県の鶴見岳の麓から湧く「速見の湯」を海底に管を通して道後温泉に導いたという話が残っているが、鶴見岳それ自体が火男火売神社の御神体となっている。

このように、古い温泉地には温泉に関係する温泉神社、湯泉神社、湯前神社、湯神社などがあるものの、こうした神社は今日ではどちらかと言えば影がうすい。大陸から仏教が伝えられて以来、神社よりも温泉寺のほうが主役となったからである。仏教文化の影響は、次に述べる念仏温泉や湯文の中にもうかがい知ることができる。

念仏温泉と湯文

全国の温泉地に神社や寺が建立された背景には、人々の病気平癒への深い祈りがあり、温泉と信仰は密接に結び付いていた。現在でもこうした例を見ることができる。山形県最上郡戸沢村にある今神《いまがみ》温泉がそれだ。この温泉は最上川の支流の長倉川を眼下に見下ろす一軒宿で、原生林の中にある秘湯中の秘湯である。浴場の正面には今熊野三社権現の祭壇があり、たくさんの灯明がともり周りの板には病気平癒の願いを込めた紅白の垂れ幕が何本もかかっている。浴客は必ず白装束の湯着を着用し、「南無帰命頂礼ザンゲザンゲ、六根清浄今熊三社権現霊地礼拝」と念仏を唱えるならわしとなっている。〝念仏温泉〟の異称もこれに由来する。湯は無色透明の含食塩芒硝重曹泉で、泉温は三五・七度。営業期間は夏季だけで、湯治のみを目的とする温泉であり、日帰り入浴はおろか一―二泊での宿泊もお断りとなっている。古来より万病に効くといわれ、とくに癌や糖尿病などの難病に抜群の効能があるといわれる。いまなお温泉信仰の強く残る秘湯である。

こうした温泉信仰の残る湯は現在では珍しいが、江戸時代までは入浴する前に薬師如来の名号《みょうごう》や真言を唱える習慣が各地の温泉にあった。有馬温泉もその一つである。風早恂編『有馬温泉資料（上巻）』には、慶長一〇（一六〇五）年に出版された『温泉湯治養生記』が引用されている。それには「凡《およそ》湯に入る次第、先まくら湯にてうかひをし心経一巻・薬師の名号・観音の法号を唱へ、其後湯に入へし。若《もし》急く事あらば薬師の名号八遍となふべし」とある。いわゆる湯文《ゆぶみ》といわれるものである。

ここで薬師の名号とか観音の法号とは、「南無薬師瑠璃光如来」とか「南無観世音菩薩」といった仏さまの名前のことで、それを唱えるのである。

小澤清躬も『有馬温泉史話』の中で「昔の有馬にはなかなか面倒な浴法があって、われわれのように浴場へ飛び込むなり一気に、どんぶりと湯に浸るようなはしたないことはしなかった」（旧仮名遣いを現代仮名遣いに変更）と述べ、この湯文を紹介している。このように入浴と信仰とは離れがたく結びついていたのである。沐浴によって心身を清めるという考え方は現在の仏教にも受け継がれている。曹洞宗では入浴中、「沐浴身体、当願衆生、身心無垢、内外光潔」と入浴喝《かつ》を唱えることになっている（稲垣史生「温泉湯女ものがたり」、『湯けむりの里』暁教育図書、一九八〇年所収）。

念仏温泉や湯文に象徴されるように、大陸から仏教文化が伝えられて以来、先に述べた「温室洗浴衆僧経」に代表される「入浴すると功徳が得られる」という教えが大きな影響をもつようになった。これにはとりわけ、奈良時代中期から顕著になった神仏習合思想の影響が大きい。この思想は、平安時代になると、神は仏が衆生を救うためにこの世に現れた仮の姿にすぎないとする本地垂迹《ほんちすいじゃく》説に発展する。温泉の守護神だった大国主命や少名彦命に代わって、薬師如来が表舞台に出てくるようになった。古来、薬師如来は衆生の疾病を治癒してくれる医薬の仏さまとして知られ、その薬師信仰と温泉が結びついたのである。

薬師信仰と寺湯

それを反映して各地の温泉地には薬師如来を祀っている例が多い。たとえば飯坂温泉（福島県）や伊香保温泉（同）、山中温泉（石川県）には医王寺があるが、いずれも薬師如来が祀られている。同じく草津温泉（群馬県）の光泉寺、山代温泉（石川県）の薬王院、四万温泉の日向見薬師堂も薬師如来を祀っている。さらに道後温泉の石手寺、有馬温泉の温泉寺薬師堂、城崎温泉の温泉寺薬師堂の本尊はみな薬師如来である。

こうした薬師信仰と仏教の普及による施浴の習慣が結びついて、庶民にとって温泉に入浴することは大きな楽しみとなった。先の『公衆浴場史』によれば、施浴の全盛期は鎌倉時代である。同書には、「この時代、施浴の大なるものとして特記すべきは、頼朝が後白川法王の追善の大法会とともに行った大施浴であろう。それは建久三（一一九二）年三月に鎌倉の山内の浴堂おそらく大寺の大湯とも推察されるが、百日間一日百人の往来の諸人、土民誰でも入浴を施し、その趣旨を路傍に立札させ、浴者の整理として奉行まで置いたと幕府の日記『吾妻鏡』に記してある」と記述されている。

当時の僧侶は医療に通じる医僧も多く、風呂での治療を指導したり、法会に参列する庶民の潔斎に寺院の風呂を開放し、さらに病人の治療に利用したりで、広く大衆への施浴に活用されるようになった。これが次第に広がってくるにつれて、寺院側では僧専用の浴室を施浴に開放することによる差し障りも出てきたため、境内の一角に大衆専用の洗い場、浴場などを設けるようになった。これが後に「寺湯」として発展していく。新潟県の五頭《ごず》温泉郷の一つ出湯《でゆ》温泉には、弘法大師空海が錫杖を突いて湧出させたという開湯伝説が残っているが、ここにある華報寺は寺湯として有名である。境内にある共同浴場（華報寺共同浴場）は三八度の源泉をそのまま利用している。ややぬるく感じるかもしれないが、ゆっくり浸かるには適している。また、山口県の長門湯本温泉には「恩湯《おんとう》」、「礼湯《れいとう》」という二つの共同浴場がある。これらはこの地方屈指の古刹である大寧寺が保有する温泉である。江戸時代には位の高い者は「礼湯」を、一般庶民は「恩湯」を利用していたそうだが、現在はどちらも共同浴場として親しまれている。

もちろん、平安時代から鎌倉時代にかけては、一般の庶民以上に、天皇、上皇、貴族、僧侶など地位のある人たちが活発に温泉に出かけるようになった。温泉地として最も好まれたのは、何といっても有馬温泉である。『有馬温泉資料（上）』をひもとくと、新古今集の選者として知られる藤原定家が鎌倉時代に四度も有馬温泉に入浴していることがわかる。同書は定家の『明月記』を引用して、「建久三（一二〇三）年六月、藤原定家、有馬ニ湯治ス」と述べ、次いで「元久二（一二〇五）年閏七月七日、藤原定家、湯山ニ下向ス」と記述している。さらに「承元二（一二〇八）年一〇月六日、藤原定家、所労ニ依り湯山ニ下向ス、時ニ平頼盛後室・前左大臣実房・七条院堀川局等湯山ニ在リ」、「建暦二（一二一二）年正月二一日、藤原定家、湯山ニ下向ス」の記事も見える。これらの記事の中で「湯山」とあるのは、有馬温泉の古称である。

また室町時代においても、永享五（一四三三）年一〇月に将軍足利義教、永正一四（一五一七）年に同足利義稙、永禄七年（一五六四）年九月に同足利義輝が有馬に入湯しているほか、皇族、貴族、僧侶、武将、連歌師なども有馬を訪問している。有馬温泉は京の都に近いという地理的優位はあったものの、平安、鎌倉、室町時代を通じて地位のある人々にとって、有馬に入湯することは一種のステイタス・シンボルだったようだ。やはり有馬は数ある日本の温泉の中でも特殊な位置を占めていたように思われる。

蒸し風呂

ところで、これまで風呂という言葉を多用してきたが、現代からすると、それは湯の入った浴槽をイメージするはずだ。けれども、本来それは「蒸し風呂」を指している。釜で湯を沸かし、その湯気を密閉した部屋に送り込んでそこに入るのである。いまも奈良・東大寺に「大湯屋」という建物がある。これは奈良時代に創建、平安時代末期の治承四（一一八〇）年の兵火で焼失、現存の建物は鎌倉時代初期の建久八（一一九七）年に俊乗上人（重源）によって再建されたものである。現存する湯屋としては日本最古のものという。この中に、湯を沸かすための鉄の大釜が残されている。

一遍上人が生まれたのは道後温泉にある宝厳寺であるといわれ、寺内には「一遍上人御誕生旧跡」の碑が建っている。蒸し風呂は、一遍上人の故郷瀬戸内海沿岸に古くから行われていた入浴法で、現在でも愛媛県今治市の桜井石風呂が知られている。これは弘法大師が難病の治療に際して考案したという伝承のある珍しい天然のサウナ風呂で、海辺にあり、自然の岩山をくりぬいた横穴の中でシダやヨモギを焚き、海水で濡らしたムシロを敷き詰め、そこに海水をかけて蒸気を発生させ、蒸し風呂とする入浴法である。調べたところ、原則として七月一日から九月第一日曜日までの、夏場だけの営業となっている。桜井石風呂は、今日の温泉の原点と言っても決して過言ではない。

石風呂と言えば、昔から京都・洛北、八瀬の釜風呂も有名である。中野栄三『入浴・銭湯の歴史』（雄山閣、一九九四年）は、「風呂なるものは浴場のように湯に用いるものでなくて蒸すもの、すなわち一種の蒸気浴であったことが確かめられる」と述べたうえ、柳田国男の「フロは多分室（むろ）と同じ語で、あなぐら又は岩屋のことであったろう。……もしフロはムロと同意語またはその通音語であるとするならば、竈《かま》風呂や石風呂は竈《かまど》もしくは石穴倉である」という言葉を引き、こうした例として、「八瀬や瀬戸内海の沿岸のある地方」の蒸気浴を挙げている。同書は八瀬の釜風呂について、「この里の釜風呂はいつ頃からあったものか、天武天皇近江勢との戦に背に矢創《きず》を負いたまいし折、ここに来て治療されたと言い伝えがある」と記述している。このように八瀬の釜風呂は相当古くから利用されてきたようだ。また『公衆浴場史』には、「京都付近には温泉の湧出を見ぬために、病傷の人びとが八瀬の釜風呂を利用したことはすこぶる多く、幕末まで公武の人たちの日記に散見している」と述べられている。さらに浅井了以の著した有名な道中記『東海道名所記』（刊行年次には諸説あるが、万治三（一六六〇）年頃と推測される）には、八瀬の釜風呂について次のような記述がある。「都よりは、わづかに二里の山家《やまが》なれども、人のかたちも、こと葉つきも、京とは格別也《かくべつなり》。くろ木といふ薪《たきぎ》を、ふすぶるつゐでに、窯湯《かまゆ》といふ薬湯《くすりゆ》をしかけて、京の人は、やう性《じやう》のために、この湯に入侍《はべ》り」（富士昭雄校訂、国書刊行会、二〇〇二年）。この一文からも、江戸時代にはこの釜風呂は都の人びとの養生のためによく利用されていたことがうかがわれる。以前に比べて釜風呂の数は減ったものの、現在でも八瀬には「八瀬かまぶろ温泉」があり、二軒の旅館が営業している。

有馬温泉にもかつては蒸気浴が行われていた。有馬の温泉街南側に、温泉寺、極楽寺、念仏寺という三つの寺が並んで建っている。平成七（一九九五）年の阪神・淡路大震災で被害を受けた極楽寺の境内で、豊臣秀吉が晩年に造営した別荘跡が発見された。「湯山《ゆのやま》御殿」という。現在は、ここで発掘された遺跡と出土品などが神戸市立の「太閤の湯殿館」に保存・公開されている。この「太閤の湯殿館」には、発掘された当時の岩風呂や蒸し風呂の実物が展示されている。秀吉も蒸気浴を愛好したようだ（これについては、神戸市教育委員会『ゆの山御てん――有馬温泉・湯山遺跡発掘調査の記録』二〇〇〇年、が詳しい）。

太閤の湯殿館

江戸時代の入浴―蒸気浴から温水浴へ―

これまで述べてきたように、日本人の入浴の歴史は古いが、高位高官ではなく庶民が日常的に入浴するようになったのは、やはり江戸時代に入ってからである。それ以前と違って、江戸期に入ってからいくつかの大きな変化がみられるようである。

第一は、蒸し風呂から温浴への変化である。日本の温泉の入浴方法は、密閉した部屋にこもらせた蒸気で蒸す「蒸気浴」と、湯船に満たした温かい湯に入る「温湯浴」に大別できる。現在は入浴というと後者を指している。だが、この入浴法が庶民にまで広がるのは江戸時代以降のことで、それまでの風呂といえば、「蒸し風呂」を意味した。このことはすでに説明したとおりである。

ただし、「温湯浴」という習慣はそれ以前からあり、そのための施設や建物は「湯屋」あるいは「湯殿」と呼ばれていた。しかし江戸期に入っても、そうした湯屋を持てるのは一部の上流階級に限られ、中下層の武士や庶民は行水ですませるか、一六世紀末に登場したといわれる「銭湯」に通うのが普通だった（なお、銭湯を上方ではもっぱら風呂と呼び、江戸では湯屋と呼んだ）。すなわち、一般の住宅には入浴施設はなかったのである。というのは、水や燃料、入浴施設を設置する費用負担があまりにも大きかったからだと思われる。ただ、「温湯浴」の歴史は結構古く、平安時代にすでに存在したともいわれている。実際、一一世紀末から一二世紀にかけて書かれた『栄華物語』には、「東山に湯浴みにとて人を誘ひ……」という記述があり、平安時代末期の京都には、すでに共同浴場らしきものがあったことがうかがわれる。

銭湯の隆盛

第二は、銭湯の隆盛である。お寺での沐浴の味をしめた庶民がやがて湯屋をつくり出し、平安の末には京都に銭湯のはしりが登場。江戸時代には、たとえば江戸御府内《ごふない》、すなわち江戸町奉行が支配した品川大木戸・四谷大木戸・板橋・千住・本所・深川以内の地では、各町内に一軒の湯屋があったほど増加の一途をたどる。

「銭湯」という文字は、入浴料として湯銭をとる風呂というところからきているが、この文字は、後醍醐天皇の元亨年間（一三二一―一三二四年）に、京都・祇園社（現在の八坂神社）の記録『祇園執行日記』の中に登場することからして、相当古くから用いられていたようである。しかし、それが最も繁盛するのはやはり江戸時代の江戸、そして京・大坂である。

江戸に銭湯ができたのはいつ頃からか、はっきりとはしない。よく引用されるのは、江戸初期の三浦浄心の『慶長見聞録』（一六一四年）である。この中に次のような記述がみられる。「見しは昔、江戸の繁盛のはじめ、天正一九（一五九一）年卯年の夏の頃からと、伊勢与市といいしもの、銭瓶橋《ぜにかめばし》のほとりに、せんとう風呂一つ立つる。風呂銭は永楽一銭なり。皆、人めづらしき物かなとて入り給ひぬ。されども、その頃は、風呂ふたんれん[不鍛錬]の人あまたにて、あらあつの雫や、鼻がつまりて物もいはれず、煙にて目もあかれぬなどといひて、小風呂の口に立ちふさがりぬる」。この記述より、ここでの銭湯風呂というのは、蒸し風呂であったのが定説となっている。こうした江戸初期の状況から、江戸御府内の各町内に温浴風呂中心の湯屋ができるほど繁盛する状況に変わっていく。

江戸時代の銭湯の様式について、なるべく簡単に述べておきたい。『慶長見聞録』の引用からもうかがえるように、江戸の銭湯が蒸し風呂（空風呂《からぶろ》とも呼ばれた）の形式を受け継いだことは明らかである。江戸の初期から元禄時代ごろまでは銭湯に入浴するのに褌《ふんどし》をして入ったといわれるが、これは蒸し風呂時代の名残であるか、あるいは蒸し風呂それ自体だったからである。

この蒸し風呂は、ふつう「据え風呂」と呼ばれるものである。移動式の風呂桶ではなく、風呂桶の底に竈《かまど》を取りつけた風呂である。銭湯の発展が、この据え風呂の出現によることは自明であろう。落合茂『洗う風俗史』は、天明期の俳人、炭太祇（一七〇九―一七七一年）の、「つれづれに裾風呂焚くや五月雨」という一句を引いて、据え風呂は銭湯のみならず、一般家庭にも親しまれるようになったと記している。桶の中に鉄筒を立てて火を焚く「鉄砲風呂」も据え風呂の一種で、江戸で広く用いられ、これに対して関西では「五右衛門風呂」が用いられたという。

漱石と温泉

据え風呂は明治に入ってからも広く用いられたようだ。次の夏目漱石の二句はそれを物語っている。

据風呂の中はしたなや柿の花
たまさかに据風呂焚くや冬の雨

それぞれ明治二九（一八九六）年、明治三二（一八九九）年の句である（坪内稔典編『漱石俳句集』岩波文庫、一九九〇年）。
ついでにいえば、漱石はなかなか温泉が好きだったようだ。『坊っちゃん』の舞台がいわずと知れた道後温泉であるし、『漱石俳句集』にも次のような温泉を詠んだ句が載っている。

ひやひやと雲が来る也温泉《ゆ》の二階　明治二九年
温泉や水滑かに去年《こぞ》の垢　明治三一年
温泉湯《いでゆ》湧く谷の底より初嵐　明治三二年
温《ゆ》泉の村に弘法様の花火かな　明治四三年

このうち最初の句は、福岡県の船小屋温泉での句、二番目は『草枕』の舞台となった熊本県の小《お》天《あま》温泉での句、三番目は熊本県の戸下《とした》温泉（ダム工事によって廃業となり、現在は存在しない）での句、最後は胃潰瘍の悪化のために長期逗留した静岡県の修善寺温泉での句である。

戸棚風呂と柘榴口

据え風呂に代わって、いわゆる「戸棚風呂」が次第に用いられるようになった。というのは、据え風呂の場合は、一度冷えてしまうと温め直すには手数がかかり、絶えず蒸気を送ることができる戸棚風呂のほうが便利だからである。戸棚風呂というのは、湯気や熱気の発散を防ぐために浴槽の上が戸棚式になっていて、湯の出入りにその戸を開閉する風呂のことをいう。しかし、多数の人が出入りすると、開けっ放しのままで戸の用をなさぬので、戸棚風呂を改良して作られたのが、いわゆる柘榴口《ざくろ》（あるいは柘榴風呂ともいう）である。

これは、銭湯が繁盛して浴客が多くなると、戸棚風呂の戸の開閉が頻繁になり、戸を閉めて中の湯気や熱気が外部へ流れ出ることを防ぐのが困難となるために考案されたものである。柘榴口は湯の冷めるのを防ぐ目的で、浴槽の前部を板戸で覆い、入浴客は茶室のように丈を低くした入口から身体を屈《かが》めて中に入る構造になっている。内部は入口の下より差し込む光線のみで、同浴の人の顔もわからないほどである。それゆえ浴客は暗中模索で、浴槽の縁をまたいで入ると先客の頭や肩に当たるから、いちいち声をかけたり、中にいる人も咳払いをして入浴していることを知らせたりした。江戸の銭湯といえば、柘榴口を思い浮かべるほど一般的だった（なお、柘榴口のイメージを思い浮かべるのが困難ならば、有馬温泉にある「太閤の湯」の岩盤浴の浴室中央に、それを模したものがあるので参考にされたい）。

柘榴口は、明治一二（一八七九）年、東京府例として府下の湯屋取り締り規則が制定され、混浴の禁止とともに、不衛生・不健全であるという理由から、その廃止が命じられた。これを機に、各地で湯屋取り締り規則が制定され、今日の銭湯に見られるような明るくて衛生的な風呂に近づいていく。

ついでに、江戸時代の銭湯について蛇足を加えておこう。一つは、風呂敷のことである。江戸時代には、脱いだ衣服をひとまとめにして包み置き、風呂から上がったときには、その上で身支度をした、あるいはそれ以前の蒸し風呂では、湯気が出てくる簀の子の上に直接座ると熱いので、布を敷くならわしがあった。それが風呂敷の語源である。いつしかそれが商人などが荷を担ぐときに包む布にも用いられてこう呼ばれるようになり、今に至っている。

もう一つは、浴衣《ゆかた》である。先に触れた『温室経』には、入浴に必要な七つの物を挙げているが、その一つに「内衣」がある。内衣とは湯帷子《ゆかたびら》のことで、施浴がそうであるように、寺院の蒸し風呂に入浴する際は必ず明衣《めいい》を着ることが定められていた。『広辞苑』によれば、明衣には「神に奉仕し、または物忌《ものいみ》する者が沐浴の後に着る白布の浄衣」という意味がある。この明衣が貴族の入浴にも受け継がれ、「江戸には庶民の間にこの風が移り、それが単に浴後の室内着にとどまらず、浴後のくつろぎ姿となって……夏の頃にはこれを着て外出するようにもなり、江戸末期から明治時代には、夏季の軽装として流行しだした」（中野栄三『入浴・銭湯の歴史』）といわれる。

町人文化の開花

第三は、江戸時代に入ってから一般の庶民が各地の温泉に出かけたり、湯治をすることが普通となり、温泉が大衆に親しまれるようになった。それ以前においては、戦乱の絶えるときもなく、庶民がのんびり旅などできる状態ではなかった。だが、江戸時代になると、人々はたとえ関所などの制約はあったものの、かなり自由な旅を楽しめるようになった。こうして自由な旅を楽しめるようになった人々のために出始めたのが、旅の案内書である「道中記」である。こうした本が次々と出版されるようになったのも、やはり時代の要請であったのだろう。「道中記」の代表的なものに、文化七（一八一〇）年に出た八隅蘆菴《ろあん》の『旅行用心集』（八坂書房、一九七二年）がある。この本は、お伊勢参りが大ブームだった当時のベストセラーで、旅行のノウハウが実に懇切丁寧に記されている。たとえば、「道中用心六十一ヶ条」という章の最初は、次のような文から始まる。「初て旅立の日ハ足を別而《べつして》静に踏立《ふみたて》、草履の加減等を能試《よくこころみ》、其二、三日が間は所々にて度々休、足の痛ぬやうにすべし。出立《しゅったつ》の当坐には、人々心はやりておもはず休もせず、荒く踏立るものなり。足を痛れば、始終の難儀になることとなり。兎角はじめハ足を大切にするを肝要とす」。旅の最初は、無理をせずにマイペースで歩きなさいというのである。

　このほか、「道中泊屋にて蚤を避る方」とか、「山中にて狐狸猪狼の類、近付さる方」といった章もある。宿屋でノミを避ける方法とか、山中でキツネやタヌキ、イノシシ、オオカミなどを近づけない方法についても、現代ではほとんど必要のないアドバイスである。また、『旅行用心集』にはキツネやタヌキに化かされない方法などといった迷信的な事柄も載っている。けれどもそのほとんどの内容は現在の旅行にも十分に通用する。

この本の最終章には、「諸国温泉二百九十二ヶ所」と題して、次のように述べられている。「夫我、邦の温泉ハ、神代のむかし未《いまだ》医薬のはじまざる時、万民疾病夭折《ようせつ》の患《うれ》ひを救んがために大巳貴尊《おおあなむちのみこと》、宿奈彦那命《すくなひこのみこと》と同しく諸国を巡行し、温泉を取立玉ひしより已来《このかた》、諸民病弊を平癒することを得たり」。これまで繰り返し説明した大国主命と少彦名命の二神による温泉発見伝説である。それに次いで、この章を書いた趣旨を次のように説明する。「左に著す所の諸国乃《の》温泉ハ、唯《ただ》養生の為に湯治する人ハ勿論《もちろん》、又物参《ものまいり》・遊山《ゆさん》ながらに旅立《たびだち》、其《それ》もよりによって湯治する人の為に、国分《くにわけ》にして見易《みやすき》やうに里数を加へ、効験の大略をあぐ。依之《これによって》其順路に随《したが》ひ此書に引合《ひきあわせ》て尋求《たずねもとむ》べし」。この一文は、当時はただ保養に行く人ばかりではなく、旅の途中で温泉を利用する人が増えていたことを示している。次いで、湯治のやり方についてのいくつかの懇切なアドバイスが記される。その中の一つに、「湯治の仕方ハ、はじめ一日二日の中ハ、一日に三、四度に限べし。相応する上ハ、五、七度迄ハくるしからず。老人、又ハ虚弱の人ハ斟酌あるべし。又多年の病ハ、一ト回、二夕回にては不レ治《いえざる》ものあり。故に三、四回、又ハ一、二月も入へし」とある。当時の湯治の原則では、一回りとは七日間、二回りとは一四日間を意味するから、長年病気の人は三、四週間あるいは一、二カ月入浴しなければならないというのである。

正徳元（一七一一）年に発行された貝原益軒（篤信）の『有馬湯山記』にも、「湯に入るには、食後よし、飢えて空腹で入るを忌む。一時に久しく入るを忌む、また茂く入るを忌む。強き病人は一日一夜に三度、弱き病人は一、二度を良しとす。三度は入るべからず」とあり、入浴の注意事項が記されている。

「諸国温泉二百九十二ヶ所」の最後には、東北から九州に至る日本各地の温泉や効能、宿泊代金などを紹介している。有馬温泉の説明が他に比べて圧倒的に詳しく、よくもまあ江戸時代に、しかも江戸在住の八隅蘆菴がこれほどの記録を残していることに感心するばかりだ。ともあれ、江戸も中期になると、人々が湯治や温泉旅行に出かける余裕をもつようになったのは確かである。「上ハ王侯より下庶民に至迄湯治すること今に盛也」と『旅行用心集』に言うとおりである。

湯女風呂の全盛

江戸時代に入ってからのもう一つの大きな変化は、各地の温泉や銭湯に湯女《ゆな》が大手を振って登場したことである。式亭三馬の滑稽本『浮世風呂』には、湯客の接待をなりわいとする「湯女」が登場する。このころには各地の温泉にも湯女がいて、参勤交代のため江戸と領地を往来する諸大名の家臣や商人たちを相手に接客していた。

「湯女」という名前は寺院の施浴に由来する。『公衆浴場史』によると、奈良時代に東大寺に代表される寺院の浴堂を管理する役僧を「湯維那《ゆいな》」と称し、これを略して「湯那」と呼び、「湯名」という字も当てるようになった。また、町湯（銭湯）の経営者のことを〝ナ（湯那）〟と称し、そこで働く男衆を〝ユナ〟と言ったそうである。そのうち、男衆に代わって女性が浴客の世話をするようになると、この女性をユナの女、あるいは単にユナと呼び、「湯女」という字を当てるようになった。湯女は、浴客の入浴・洗髪などさまざまな世話をするところから浴客に喜ばれた。この湯女の置いてある銭湯を一般に「湯女風呂」と呼んだのである。

湯女の実態は江戸時代、それも中頃から大きく変化するようになった。山東京山《さんとうきょうざん》の『歴世女装考』には、大坂の湯女について記されているが、これによると、湯女が客の酌を取り、やがて「色を売る」ようになったという。中野栄三『入浴・銭湯の歴史』の言葉を借りると、「湯女の遊女化」が進んだのである。

京や大坂では、室町時代の末期から、銭湯の浴室で客の垢を掻き、そのあと銭湯の二階で客と戯れ、奇声を発して寝ころんだ湯女の存在が知られている。引っ掻き、奇声を発する様は猿に似ているので〝猿〟ともいわれた。事実、『広辞苑』の猿の項を引くと、「浴客の垢を掻くのを、猿がよく物を掻くのにたとえていう、江戸で湯女の異称」とある。

加賀温泉郷の山中温泉や山代温泉では、以前は湯女の異称を「獅子」といい、『山中節』の文句にも「鉄砲かついで来た山中で、ししも撃たずに帰るのか」というのがあり、湯女がそういって客を引き留めたのである。こうした〝猿〟や〝獅子〟の異称を見ても、江戸時代の湯女の実態をうかがい知ることができよう。

京・大坂の二都に劣らず、江戸における湯女風呂の隆盛も知られている。それを象徴するものに「丹前風呂」と呼ばれた湯女風呂がある。これは、西神田の堀丹後守の屋敷前にあったことから丹前風呂という俗称で呼ばれたといわれる。丹前風呂のスターとして艶名を馳せたのが湯女・勝山である。勝山は、正保三（一六四六）年に紀伊国屋市兵衛が営む丹前風呂の湯女となった。勝山はすこぶる美麗の才媛で、彼女を目当てに通う客は多かったものの、言い寄る男の言葉は柳に風と受け流し、誰にもなびかなかったそうだ。しかも外出の折には、編笠をかぶり、派手な縞の綿入れを着て、腰には木刀の大小を挟んで町を闊歩したことから、江戸の若い女性たちはこぞって彼女の風体を真似したという。こうして「丹前風呂」は江戸市中の大評判となり、芝居にも取り入れられるようになった。

ところが市中の湯女風呂が次第に遊女屋の傾向を強めたことから、明暦三（一六五七）年、幕府の弾圧を受け、今後の存立が危ぶまれるようになった。そのため、湯女・勝山もこの年に吉原入りをしたといわれる。そして吉原の太夫となってからも、派手な装束に黒い髪を白い元結でくくる伊達結びをして、勝山風と呼ばれるスタイルをつくって評判を呼び、太夫としても大いに名声を高めたという。この湯女・勝山の逸話は、江戸における当時の華やかな湯女文化の一端をよく示している。

湯女の発祥の地とされるのは有馬温泉である。有馬の湯女はプライドが高く、江戸・京・大坂の三都を中心に「湯女の遊女化」が進む江戸時代にあっても、決して「色を売る」ことはしなかったといわれている（有馬の湯女については次章で詳しく述べることにする）。

明治以降の入浴文化

徳川幕府が崩壊して明治に入って以降、現在に至るまでの入浴の形式や浴場の変遷などについて詳しく述べる余裕はない。ごく簡単にスケッチすると、まず第一に、江戸時代に盛んに行われた男女の「入込湯」、すなわち混浴が厳禁された。明治新政府は、混浴が外国の人々に異様な風習とみられるのをおそれ、明治二（一八六九）年、「東京府達」として男女入込湯を禁止した。また明治一二（一八七九）年には「柘榴口」を禁じ、同二三（一八九〇）年には七歳以上の男女子供の混浴をも禁止した。他の府県でも東京には遅れたものの、次第に混浴の風習が姿を消すことになった（古代から現代までの日本の混浴の通史については、下川耿史『混浴と日本人』筑摩書房、二〇一三年を、また絶滅に瀕しつつある日本独自の混浴温泉の現状については、「混浴温泉は絶滅するのか」雑誌『温泉批評』双葉社、二〇一三年を参照されたい）。

そして、裕福な家庭を除いて内風呂を持たず、銭湯を利用していた一般の人々も内風呂を保有するようになった。さらに大正時代末頃まで内湯を持っていなかった旅館・ホテルも、昭和に入って内湯を持つようになった。こうして、現在がそうであるように、江戸時代にあれほど隆盛を誇った銭湯も段々と利用客が減少するようになる。時代は大きく移り変わり、温泉の文化も変わってゆく。

これからの温泉はどうなってゆくのだろう。温泉の将来を予見する自信はないけれども、次のようなことだけはほぼ確実に言えるのではなかろうか。

第一は、マス（団体）から個の時代への変化が一段と進む。高度成長時代は職場旅行の時代だった。その最盛期はバブル期の一九八〇年代後半であるが、バブルの崩壊とともに、職場単位の温泉旅行は人気を失ってしまう。代わって、個人や家族、あるいは少数の仲の良い友人たちとの気ままな旅行が一般化する。これは、不可逆的な流れのように思われる。

第二は、時間軸が長期化する。すなわち、職場旅行とは違って、長期滞在型、時間消費型、療養型の温泉利用が進むだろう。高齢社会の進展、人々の癒し志向や健康志向の高まりを反映して、こうした温泉モデルが優位を占めるのは確実だ。それとともに、宿泊と食事を別にするという泊・食分離はもちろん、泊・食・湯《とう》の分離を図ることがあってもよい。欧州の温泉地では、宿泊するホテルと食事する場が別で、温水浴ないし飲泉浴の施設がまた別であるといったことが当たり前に行われる。戦前の有馬温泉では、泊と食は一体だったけれども、泊・食と湯は分離され、外湯が基本だった。

第三は、国際化への対応が大切である。海外から温泉大国日本を目指して、多くの外国の人々が個人で、あるいは団体でやって来る時代である。だが、有名温泉地といえども、言葉やサービスなどの点で不十分なところが圧倒的に多いようだ。

このほか、温泉資源の保護や良質の泉源の確保も不可欠である。またサービスの生産者・業者の視点から、サービスの利用者・消費者の視点に立った温泉行政が展開されることも大切である。要は、それぞれの温泉地にふさわしい独自の「温泉文化」を築くことである。無理やり、泊・食分離である必要はないし、泊・食・湯の分離を追求する必要もない。どこの旅館、ホテルに泊まっても同じような食事が出され、同じようなサービスが供給される。そんな金太郎飴はご免こうむりたい。もっと消費者の選好にかなう多様な温泉モデルを構築することが、サービスの生産者にとっても温泉行政にとっても肝に銘じておきたいポイントである。

第3章

湯女の文化

有馬の湯女

有馬温泉の歴史をたどると、湯女《ゆな》の存在を無視することはできない。有馬の盛衰は湯女とともにあると言っても決して過言ではない。湯女という名前の由来については第2章でも述べたように、本来、寺院の施浴、すなわち、浴を衆生に施すことによって仏への祈願を表すことに由来する。奈良時代に聖武天皇の皇后であった光明皇后が仏教を篤信し、悲田院・施薬院を設けて窮民を救ったことはよく知られており、なかでも奈良・法華寺の温室（浴室）で千人の人たちのため施浴を催した話は有名である。こうした寺院の施設の世話・監督を担当する役柄を一般に湯井那と称し、これを略して湯那と呼び、文字では湯井那とか湯名を使用していたという。この寺院の施浴に端を発して、町湯の経営者にも同様の名前が付けられるようになった。『公衆浴場史』には、「ここに町湯と称するものは、街なかの庶民の家屋がやや密集し、しかもわかす水利のよい場所に営業を目的として建てられた洗湯ならびに蒸し湯の総称」であって、この営業用の町湯はすでに平安時代に出現されたとされる。室町時代には、「自家で湯をわかすことはなく、多く町湯を利用し……」（同書）とある。そして、町湯の経営者のことをナと称し、そこで働く男衆をユナと呼んだが、この男衆が後に女性に代わり、この女性をユナの女、あるいは単にユナと呼び、「湯女」という字を当てたとされている。

営業用の町湯が入浴料として銭をとるところから、「銭湯」という名前が使われるようになった。この「銭湯」という文字が最初に現れたのは、京都の祇園社（八坂神社）に残っている「祇園執行日記」という資料である。この日記には、「祇園社内の神宮寺と思われる岩愛寺で営業の銭湯風呂をこの年（一三五二年）の正月以来はじめた」という記録がある。八坂神社の境内に、室町時代にはすでに銭湯が設けられていたという事実には驚いてしまう。そのほか同日記によれば、京都市内の住民の多い地区には、室町時代になると、「一条の湯」、「高倉の風呂」、「三条室町の風呂」といったように、地区の名前を付けた町湯が現れ始めているし、上杉家伝来の有名な狩野探幽筆の国宝「洛中洛外屏風」には、住宅が密集していた百万遍に「藤井湯」という屋号を付けた湯屋が描かれている。学生時代や京都大学の教員時代にはまったく知らなかったが、室町時代にはすでに京大の北門付近に湯屋があったという事実にも驚くばかりである。

有馬は湯女発祥の地である。有馬の湯女がいつ頃から存在するようになったか判然としないが、僧・仁西が有馬温泉を再興して一二の坊舎を立てた際に、同時にこれらの坊舎に湯女を置いたと伝えられている。

湯女の名前が入った発句と狂歌

江戸時代には有馬温泉は、ただ一カ所の元湯が一枚の板を境として一の湯と二の湯に分かれ、一の湯に属する一〇坊（坊とは宿屋をいう）と、二の湯に属する一〇坊とがあった。この二〇坊のそれぞれに老若二人の湯女がいて、年をとったほうを大湯女または嫁家湯女《かかゆな》といい、普通は「かか」と呼ばれていた。若いほうを小湯女または娘湯女といい、一般に湯女と呼ぶのは小湯女のことであった。小湯女は容色優れた女性が選ばれたようで、年齢は一三、四歳から二二、三歳までで、いかに若くとも眉を剃り落とし、鉄漿《おはぐろ》で歯を染め、客に従って浴場に行く時には、必ず帯を前に結ぶことになっていた。これに対して大湯女は四〇歳ぐらいから五〇歳代半ばぐらいまでで、帯は小湯女同様に前で結んでいた。これらの湯女には各湯戸によって固有の呼び名（通り名）があった。小澤清躬著『有馬温泉史話』には有馬の各宿舎とその湯女の名前を織り込んだ発句が載っている。興味深いので、それを紹介しておこう（左の発句は享保二（一七一七）年に出版された『増補　有馬手引草』からの引用で、したがって孫引きということになる）。

夏草にかようをゝくの蛍かな　　奥の坊　なつ
釣簾まきて雪にみとるゝ御所すだれ　　御所坊　まき
いせの神かけてかはるな竹の道　　伊勢屋　たけ
梅のはなかをしる鳥のはつ音かな　　中ノ坊　つね
御祓せしねぎやの杉の御神木　　ねぎや　すぎ
黒髪をあまがさきとや袂ゆり　　尼崎坊　ゆり
大門にたつや二葉のかさねまつ　　大門《だいもん》　たつ

つたのはの色なほうすひ角の坊
恋のたね上大坊が園のくり
村時雨としの若さやいちめ笠
いけの坊の水きはたつや春の松
涼しさの休み所や竹の園
水ぶねにいけても見たし花つゝじ
きいてねて袖の色かやほとゝぎす
大こくやみきにも竹の露なさけ
みやこよりこゝに兵衛の八重桜
卯の花の下ほのかくすしげみ草
川さきややま風あてな花のかほ
かはのやにみつる色かや花しやうぶ
白ふじに思ひみだるる素麺屋

角《かど》の坊　つた
上大坊《かみおおぼう》　くり
若狭屋　いち
池ノ坊　まつ
休み所　たけ
水舟　つし
茅の坊　きい
大黒屋　たけ
兵衛　みや
下大坊　しげ
川崎屋　やゝ
川の屋　みつ
素麺《そうめん》屋　ふじ

二〇の宿屋のうち一の湯に属するのは、奥之坊、御所坊、伊勢屋、中ノ坊、尼崎坊、ねぎや、大門、角の坊、上大坊、若狭屋であり、二の湯に属するのは、池ノ坊、下大坊、休み所、川崎屋、茅の坊、素麵屋、大黒屋、水舟、兵衛、川の屋である。このように、一の湯と二の湯にそれぞれ一〇の宿屋が割り当てられていた。

湯女の名を織り込んだ発句だけでなく、有馬の湯女の名を入れた狂歌もたくさん作られている。ここでは、現在ある宿（休業を含む）のみに限定して、天和三（一六八三）年に出版された『迎湯有馬温泉鑑』に載っている狂歌を引いてみよう。

名にしおふまきがけゆいの髪姿　一夜は誰も御所望御所坊　　御所坊　まき
有馬山湯女恋忍ぶ道にまよう　客の心の奥の坊見む　　奥の坊　なつ
きかまほし舞いつうたへる湯女衆の　中の坊なるつるの一声　　中の坊　つる
神ならぬ髪かたちまでうつくしや　あれは禰宜やの杉子なるそよ　　ねぎ屋　すぎ
角の坊につたとはむべに名付けたり　客だにくればはひまとわるる　　角の坊　つた
かねつけてゐみぬる栗が顔はせの　上大坊をこす湯女もなし　　上大坊　くり
池の坊の松をば花のしんにして　我下草とうたふ一ふし　　池の坊　まつ
有馬山遠近人の宿かりを　兵衛のかとも見やはとがめん　　兵衛　みや

これらの歌は、巧みに湯女の名前と宿の名前を織り込んでいる（ただし、二首目のみは例外で、湯女なつの名前は入っていない）。たとえば、最初の狂歌は、御所坊の湯女「まき」の名前をよみ込んで、ご所望と御所坊をうまくかけている。この他にも、江戸時代を中心に有馬の湯女を対象とした多くの発句や狂歌が残されている。その中には結構エロチックなものも多いようで、蕉門十哲の一人、森川許六《きょりく》は「春風や湯女の草原わけて寝ん」という句を作っている。また作者は不明だが、「有馬山湯女の笹原さぞや露」という句もある。これらは、御拾遺和歌集の次の歌を踏んでいる。

有馬山　ゐなの笹原風吹けば　いでそよ人を忘れやはする　大弐三位

作者の大弐三位《だいにのさんみ》は、平安中期の女流歌人で、母は紫式部である。ここで「ゐなの笹原」とは、有馬山の近くにある「猪名の笹原」のことで、現在の尼崎・伊丹・川西周辺の地名を指し、昔はこのあたり一面に笹が生えていた。ただし、「有馬山」という特定の山は無くて、六甲山系の東端ないし東北一帯の山を昔の旅人がそう呼んだとのことである（『有馬温泉史話』）。

万葉集巻七の一首に

しなが鳥猪名野をくれば有馬山　夕霧たちぬ宿はなくして　読み人知らず

という歌もある。ここに、「しなが鳥」というのは猪名野にかかる枕詞であり、有馬山は万葉以来多くの古歌に詠まれてきた。それだけ有馬温泉を訪れる人も多かったのだろう。

滑稽有馬紀行

『滑稽有馬紀行』は文政一〇（一八二七）年の出版で、有馬温泉のガイドブックと滑稽文の面白さの両面をもっている。ただ、どちらかといえば、滑稽本としての印象のほうが強いように思われる。著者は筆名が大根土成《おおねつちなり》（本名は福智白瑛）という。主な登場人物は、京の恵来屋《えらいや》太郎助と東国から来た食客《いそうろう》の才六で、二人が有馬温泉に行く目的は表向きは湯治であるが、本音は湯よりも湯女と遊ぶ楽しみである。宿に着くなり下女を相手に湯女の詮索を始める始末。太郎助は、会幕《あいまく》の湯（他の宿の客も一緒に入浴する湯）で、有馬における湯女はあくまでも湯の世話をする女性であり、客はどんなにたくさんの心付けを渡しても、酒席を賑やかに楽しむだけで、恋仲になったり、一夜を共にするようなことは御法度であると聞いて知っている。その京男が、そうとは知らず躍起になって湯女を落とそうとする相棒の才六をからかう。一方、才六のほうは太郎助を出し抜いてやろうと秘密裏に女中にアプローチするが、結局は失敗する。そういうストーリーの展開になっている。この本には、小湯女が宴会で踊る図が載っているが、その横に「馬ならで客乗りたがる娘湯女うつや太鼓のうつつぬかして」という大根土成の狂句が載っている。それほど、有馬における湯女は魅力的な存在だったのだろう。

『滑稽有馬紀行』の面白さの一つは、湯女を交えた宴席である。才六が女中に「兎角《とかく》あのだな（旦那）さんは、ねる事斗《ばか》りおつしやるが、どのお客さんがたでも御酒の時、大湯女・小湯女をお呼被成《なされ》ます」といわれ、才六と太郎助の両人も宴席を設けるのである。「旦那さん、今宵はお呼びいただいてありがとうございます」と湯女たちが太郎助と才六にお辞儀して宴が始まる。一通りお酒が入ったころ、お定まりの有馬ぶしが披露されるのである。

ここで有馬ぶし（節）というのは、古くから有馬に伝わる俗謡で、宴席では三味線や太鼓に合わせて賑やかに唄われる。たくさんの歌詞があるが、その一部を紹介しておこう。

有馬めいしょは薬師にあたご　ふじの朝ぎり亀の尾の　つづみがだきやおちば山　きよみずいな
り鳥ぢごく　糸ざいく竹ざいく　一の湯と二の湯との　ゆつぼに入たいな

松になりたや有馬の松に　藤にまかれてねとござる　まかれて藤に　藤にまかれて寝とねとござ
る　なさけ有馬のはなのえん

恋しこひしとなくせみよりも　なかぬほたるがみをこがす　ヱ、きのわるいきりぎりす　きつと
それではすまぬぞへ

最初の歌詞には、有馬の名所や名産がたくみに織り込まれている。薬師堂（有馬温泉の中心、現在の温泉寺）、愛宕山、亀の尾滝、鼓ヶ滝、落葉山、清水稲荷、鳥地獄、糸細工、竹細工、そして「日本第一神霊泉」といわれた一の湯と二の湯（現在の金の湯）である。この中で、現在では地元の人にも知られていないのは、亀の尾滝ではあるまいか。神戸電鉄有馬駅から歩いて五分ほどのところにある。「亀乃尾不動尊」という小さな祠があり、その裏手に水量の乏しい滝が落ちている。

二番は最も古くから唄われている歌詞の一つで、少しエッチな内容である。酒が入ったうたげのなかでは、このたぐいの歌詞が受けるのだろう。有馬ぶしにはこうした内容のものが多い。一風変わっているのは三番で、湯女の気持ちの一端でも唄っているのだろうか。

『滑稽有馬紀行』では、宴席の中で「けん」遊びが行われる。これは、負けた人が杯の酒を飲み干すじゃんけんのゲームである。太郎助と才六の二人は大湯女に京で流行っているという「豆けん」（エッチなじゃんけん）を教えてもらい、場は大いに盛りあがる。座の中心は、おみやという小湯女で、唄って踊れるアイドルだ。こうして太郎助と才六を喜ばせる湯女との楽しい時間はあっという間に過ぎてしまう。

「今宵はおありがとうございます。お早うお休みあい成りませ」と湯女たちが挨拶して帰っていく。宴のあとは少しさびしい気もするが、ひと時を楽しく過ごせたことに感謝して今夜はおとなしく床に就くことにする。何せ有馬には養生に来たのだから。

さて、宴が終わって、あとに残った女中に才六が「今宵は、アノおみつを、わつちへよこしてくんな。つれはおみやでも、でいじねえから、よろしく頼みやす」とこっそり言う。しかし「ハイ此《この》有馬は御養生場で御座り舛《ます》ゆえ、どなた様《さん》でも御客様《さん》と湯女がねますと此有馬にはおきません。所の法度《はっと》で御座り舛」と女中にたしなめられるのである。

この本は次の一文で閉じられる。「程なく夜も明け渡りて、薬師堂の鐘、ゴン〳〵〳〵と突出す。才六は、はや夜が明けた、と表のゑんへ出て辺りを見るに、向かひの御所の坊の家(屋)根に烏《からす》のとまり居て、才六の顔をうちながめ、アホウ〳〵〳〵」。

『滑稽有馬紀行』は時代を超えて男のサガを感じさせて笑わせるが、その後味はなんとなくわびしくて悲しい。

本の跋文に、著者の大根土成は次のように述べている。「筆ことばにこび光沢《つや》もなく、ただありのままを表わし、また温泉の奇瑞《きずい》を世に知らしめんがための著述なり。いわゆる滑稽《しゃれ》のみにあらず、有馬入湯の道しるべ、かつ幼童のもてあそびとなしたまえるなり」。もしそうなら、この本には有馬温泉の当時の様子がうかがえてまことに興味深い。

神崎宣武の『江戸の旅文化』（岩波書店、二〇〇四年）には、「人には、食欲や性欲と同じように『旅欲』なる欲望が内在している、とか申します。いえ、そう申しているのは、私めでございますが」という「前口上」を口火に、お伊勢参りや湯治など遊興性に富んだ江戸時代の旅文化が浮き彫りにされている。『滑稽有馬紀行』も取り上げられ、「表向きには書かれにくい『庶民の遊び心』をいきいきと描写している、とみるべきである」とこの本を評価している。そのとおりだと思う。十返舎一九の『東海道中膝栗毛』や式亭三馬の『浮世風呂』と同様、庶民の文化が華開いた江戸期には、こうしたのびのびと活力に満ちた滑稽本が次々と現れたのである。

教養高い有馬の湯女

『滑稽有馬紀行』が語るように、当時の有馬では、浴場への案内も小湯女は朝と昼だけで夜は大湯女のつとめとするほど細心の注意が払われたようだ。宝永八（一七一一）年の貝原益軒『有馬湯山記』には、「色慾《しきよく》はわきて湯治にいむなれば、往昔《むかし》より此地にかたくいましめて、遊女妓童《ゆうじょぎどう》のしばらくもとどまることを許さず。まして湯女は酒宴の席《むしろ》にのぞむといへども、客に通《つうず》る事はかたきいましめなれば、おもふにかひなしと知りながら、おろかなる壮男《そうだん》は、見るにきくに心を動《うごか》して、病を添る種と成《なり》ぬ」とあり、「唯《ただ》温泉を君のごとく、神《しん》のごとく、敬《うやま》ひつつしみ、是に仕《つか》へては、温泉の心に叶ひて、病を除くの術を思ふべし。湯入の間、心體《しんたい》を不潔にして、温泉の心に背《そむく》べからず」と記述されている。

また、天明元（一七八一）年の本居大平《おおひら》（本居宣長の養子）『有馬日記』には、大平が有馬で会った老人の、「さは遠き所より、よくこそ物し給ひたれ。すべてこゝにはわづらふ所なき人の来べきよし侍らねば、きつどふ（来集）人はみなばうさ（病人）のかぎりになんあれば、かたみ（互）にかしこまりなんどもおかでうちとけ、心やすくあそばむなん、ほい（本意）に侍る」という言葉が紹介されている。「ここに来るからには、皆どこか病んでいるのだから、打ちとけ合って気楽に過ごそう」というのである。この老人の言葉は、当時の有馬温泉の性格をよく浮かび上がらせている。

ただ、有馬の湯女のなかにも客と恋仲になり、一夜を共にするような湯女もいたかもしれない。『有馬温泉史話』には、こんなことが書かれている。「何というても酒席に呼ぶことはできるし、妙齢の女子ではあり、とくに美貌を選んでいることゆえ、まづ第一に、若い湯治客の話題にのぼって賑やかな雰囲気を醸成したことと思う。いなの笹原を分け入った六甲山北麓の淋しい峡谷に咲き出でた美しい花は、湯の花ならぬ活きた花として盛んに手折った不心得者も多かったことであろう」と。

有馬における湯女の歴史を調べてみると、昔の湯女は白衣に紅袴の装束を着けて、歯を染め眉は剃ったうえに墨で描くという上臈《じょうろう》（高貴な身分の女性）のような姿をしていたようだ。平安時代の地位の高い貴族が入浴する前後や休憩の時にはそのそばに待機し、琴を弾いたり和歌を詠んだり今様を歌うなどして彼らを楽しませるのが仕事であったと伝えられている。この風潮は江戸（元禄）時代まで続いたとされている。貴族たちに遊びの場を提供するためには、その傍に仕える湯女にもある程度高い教養が必要であったようだ。湯女には、それなりの教養があったうえ、「この土地の産土神《うぶすな》の下に生まれたものでなければ、湯女となる資格がない」（前掲書）、すなわち、有馬出身でなければ湯女にはなれなかったといわれている。

寛文一二（一六七二）年に出版された『有馬私雨《しぐれ》』には次のように述べられている。「おそくあがる者あれば、大湯女小湯女手毎に棒をもて湯口の戸をたたき、あがれあがれとみな足を空にして、湯壺より逃出すも最興ある事なり、湯口非番の日は、京田舎人のやどりの方に問ひり、御つれづれいかにと愛敬らしく打ゑみつつかはらけ取かはし時勢うたひなどするけはい、有しやうにもあらず、棒もて怒れる人とは思ひも出でず愛し、うち物かたらう方もあり」とある。湯壺が一カ所しかなく、湯治客が混雑してくると、湯女たちは湯口ではあがれあがれとわめき罵りながら、暇なときには宿の浴客を訪問して、その無聊を慰める湯女もいたというのである。

ところで、湯壺（浴室）が一カ所しかないというのは、江戸時代はもちろん、明治や大正に入っても変わらなかったようである。有名な田山花袋の『温泉めぐり』が最初に出版されたのは大正七（一九一八）年であるが、これによると、「温泉の湧き出しているところは、町の中央で、そこに大きな浴槽をつくって、何処《どこ》の浴舎からも客は皆な手拭を持って其処《そこ》に出かけて行くようになっている。そしてきまった湯銭を払うようになっている。この湯銭制度、すなわち銭湯と同じ組織は、上方地方でなければ見られないもので、関東や九州の湯の多いところでは、決してこんな風に湯銭を取らない。……有馬の浴客は、この中央の大きな浴槽をめぐって、三層、四層の大きな高楼がぐるりと築き起こされてあるが、外形はちょっと関東に見られないほど立派である」（引用は二〇〇七年の岩波文庫に依っている）。したがって、大正に入ってからもただ一カ所の元湯があっただけで、各旅館に宿泊している浴客は、この元湯へ出かけたのである。

混浴の禁止

湯女が最も繁盛するのは、「有馬千軒」と謳われ、隆盛をきわめた江戸時代である。湯女は、客の入浴の順番や時間を知らせたり、入浴時間が来て客が浴場に行き衣類を脱ぐと浴衣を着せかけたり、湯の入り口で脱いだ浴衣を受け取って手拭を渡したり、客が湯から上がる時に湯の出口で宿の名を呼ぶと、浴衣を着せかけ下駄を揃えたりするといったように、こまごまと入浴客の世話をしたようである。

ただ、先の『滑稽有馬紀行』にあるように、湯女は単に客の入浴に関する世話ばかりでなく、客に呼ばれれば酒宴の座に出て座興を助けることも珍しくなかった。時代が下るにつれ、入浴するよりも湯女と遊ぶことが楽しみで温泉に出かけるといった風潮が全国的にも強くなったようで、湯女の存在は温泉の享楽的な雰囲気を助長するようになった。けれども、客となじむことは有馬では厳禁されていた。

『有馬温泉史話』には次のように書かれている。「有馬ぶしの一種にほんぷく草紙というのがある。これは有馬の湯治で、いろいろの病気が本復したことを唄ったもので、要するに宣伝に用いたものらしい……。その中に、『色は売らねどいろ里の心は同じ客づとめ、酒にあかさぬ夜半もなし』という一節にあるごとく、酒宴に侍して興は助けるけれども、色を売ることは絶対になかった。これが江戸や大坂の湯屋・風呂屋の湯女と根本的に異なるところであった」。

だが、明治一六（一八八三）年、温泉浴場が洋館に改築されたのを機に長い歴史を誇る有馬の湯女制度は廃止された。湯女と同様、温泉開湯以来といってもよいほどの長い歴史がある有馬の混浴が禁止されたのは、明治に入ってからである。鷹取嘉久著『見て聞いて歩く有馬』（一九九七年）の年表によれば、明治元（一八六八）年、「兵庫県より神戸・兵庫の両町に対して、男女混浴禁止を布達する」とあり、明治五年（一七八二）年「兵庫県、重ねて混浴禁止を布達する」と記されている。ただし、有馬温泉観光協会が発行した『しっとりと有馬』（一九九九年）という小冊子の年表を見ると、明治元年に「県より男女混浴禁止令（有馬特例で明治二五年から）」とあるから、有馬温泉（元湯）の場合は、明治二五（一八九二）年までは特例を設けて混浴が認められたようである。

ちなみに『公衆浴場史』には、「混浴の由来と禁礼」について詳しい説明がなされている。それによると、男女混浴は昔から「入り込み湯」とか「打ち込み湯」あるいは単に「入り込み」といわれ、

「太古以来、海浜、山間等に湧出する各地温泉はみな混浴であった」と述べられている。とくに江戸時代になって、人びとの慰安場として湯女風呂が各所にあらわれ、湯女風呂では遊客が湯女と混浴することもあったそうだ。そして老中松平定信の寛政の改革、老中水野忠邦の享保の改革による男女混浴の厳禁にもかかわらず、混浴の慣行は一向に改まらず、明治になってからもたびたび混浴禁止令が出されたものの、実質的にはそうした習慣が続いたようである。この点は、有馬温泉の歴史が示すとおりである（古代から現代までの混浴の歴史については、下村耿史『混浴と日本史』筑摩書房、二〇一三年に詳しい）。

入初式

有馬の入初式

有馬の湯女にかかわる行事として、現在でも毎年正月二日に行われる古式ゆかしい入初式《いりぞめしき》がある。有馬温泉の開祖と中興の祖とされる行基および仁西を偲んで催される行事である。貞享二（一六八五）年の『有馬温泉小鑑』には、「開山行基菩薩、中興仁西《にんさい》上人をば毎年正月二日まつり奉り、両像みこしにて出家中十二家所町中みこしをかき奉り役者《やくしゃ》（役目に当たる人）しなしな御供仕り、湯の御入ぞめあり。勤行法事《ごんぎょうほうじ》さまざま儀式これあり」と記されている。現在も連綿と続いている入初式とまったく変わらない。

私はこれまで毎年のように入初式を見学している。最初は、数年前に有馬小学校講堂で行われた入初式に招請され、行基菩薩と仁西上人の御像の頭上から、柄杓《ひしゃく》に汲んだ湯を浴びせるという栄誉にあずかった。以下、この時の模様を述べてみよう。

この行事は、行基によって神亀元（七五四）年に開基されたと伝えられる温泉寺の前の広場に神官、僧侶、有馬芸妓の扮する湯女、旅館の主人など関係者が一堂に会して午前九時五〇分から開始された。当日は霙が降るような寒い日だったが、それぞれ盛装した五〇名ほどの関係者が、それほど広くない温泉寺の前の広場に集まり、それをわれわれのような一般の見物客が取り囲んで盛んにカメラのシャッターを押している。行列の中で最も華やかなのは後ろのほうに並んでいる芸妓さんで、数えてみると一六名いる。有馬温泉のすべての芸妓さんが参加されているそうだが、昭和三〇（一九五五）年ごろには芸妓さんは一五〇名ほどもいたそうだ。これも時代の趨勢なのだろう。入初式の花形である湯女に扮した芸妓さんは六名でいずれも若く、白衣に赤い袴を着け髷《まげ》を結っている。整列した人々が午前九時五〇分になると、一斉に入初式の歌（入初め歌）を唄い始める。中心となって唄っているのは芸妓さんであるが、なんとなく小学生が行儀よく並んで斉唱しているようで、私のような見学者にはいささか滑稽に見える。ちなみに、入初め歌の歌詞は次のようなものだ。

枝も栄ゆるわか緑　仰ぐにあかぬ御代ぞ久しき
滝の白糸いとしうてならぬ　ゆるせ主あるわが片袂
落葉山こそ名所なり　めでたしめでたし
打ちましょ打ちましょ

この入初め歌は、先に紹介した有馬ぶしの一つである。
さて、入初め歌を唄い終わると、一行は湯泉《とうせん》神社の大己貴命《おおなむちのみこと》のご神体と温泉寺に安置している行基と仁西の木像を御輿《みこし》に乗せ、行列を組んで有馬温泉金の湯の前を通って式場（現在は有馬小学校講堂）に向かう。式典が始まったのは午前一〇時半ちょうど。この式典は神・仏両様の儀式によって行われる。まずはじめに湯泉神社の神主さんが大己貴命のご神体に向かって祝詞《のりと》を唱え、次には温泉寺をはじめとする有馬温泉の各寺のお坊さんが行基と仁西の木像に向かってお経を唱えるのである。これに続いて、白衣赤袴の湯女たちが湯もみ太鼓の囃子に合わせ、初湯をもんで適温にさますという湯もみ行事が演じられる。この式典のハイライトである。次いで、湯もみを終わった初湯で行基、仁西の二体の木像は湯を浴びせられて沐浴する。そのあと、浄米を若松で白紙に掃き寄せるという六根清浄の祓《はらい》行事を行い、これで式典は終わる（厳密に言えば、温泉関係者の挨拶や来賓の挨拶が次々と続く）。そして、再び行基・仁西の木像を乗せた神輿は帰路につき、温泉寺へと向かう。その途中の路上で、湯女（に扮した芸妓）は帰ろうとする神輿に向かって「戻せ返せ」と手招きで呼びかけ、その都度、神輿は行きつ戻りつしながら帰って行く。これは、慈悲深い行基と仁西を慕い、両人の帰還を惜しむ様子を表したものと伝えられている。

『有馬温泉史話』には入初式について、「温泉場としてこうした重要なる儀式にも、湯女の登場するところをみると、有馬における湯女は温泉場構成の不可欠な要素であったと想像される」と記され、「有馬、湯でもつ湯は湯女でもつ、名来《ならい》・山口紙でもつ」という俗謡が紹介されている。この俗謡は、有馬における湯女の存在の重要性をよく物語っている。有馬の歴史を調べてみると、確かに「有馬、湯でもつ湯は湯女でもつ」という感慨に襲われるし、日本の古くからの数多くの温泉の中で、有馬ほど高い独自の文化を誇った温泉もなかったのではないかという気もしてくる。ちなみに、名来・山口というのは有馬に隣接する二つの村のことであり、山間部で昔から製紙業が盛んであった。現在、この二つの村は西宮市山口町となっていて、私の自宅からは車で二〇分ほどのところにある。

第4章

温泉日本一をめぐる闘い ——有馬と城崎——

枕草子と有馬温泉

有馬温泉は古くから誰も知らない人がないほどよく知られている。それには清少納言の『枕草子』に依るところも大きいようだ。いわゆる「又一本」には、「いで湯は　ななくりの湯。有馬の湯。那須の湯。つかさの湯。ともの湯」と書かれている（池田亀鑑『全講　枕草子（上）』至文堂、一九五六年）。ただ、加藤盤斎『清少納言枕草子抄』（日本図書センター、一九七八年）には、「湯はな、くりの湯、ありまの湯、たまつくりのゆ」とあり、その注として、「ありまの湯ノ下ニ、或本ニ、『奈須の湯、つかさの湯、ともの湯』ト、アリ」と記されている。

これらの本の中で、「ななくりの湯」というのは、現在の榊原温泉（三重県津市）だという説があるが、別所温泉（長野県上田市）説もあって判別するのがむずかしい。ただし、鎌倉時代後期の『夫《ふ》木《ぼく》和歌抄』に次の二首が載せられていることは、「ななくりの湯」が榊原温泉説の有力な証拠となっている。

いちし（一志）なる岩ねに出づる七くりの　けふはかひなきゆ（湯）にもあるかな　　橘俊綱朝臣

いちしなる七くりの湯も君がため　こひしやますときけば物うき　　大納言源経信卿

一志とは、榊原温泉がある一志《いちし》郡（現在は津市に合併して消滅）を指していることから、「ななくりの湯」がこの温泉である有力な証拠となっている。それゆえ、現在の知名度や温泉の効能はともかく、ななくりの湯＝榊原温泉がやはり妥当であるように思われる。

なお、「那須の湯」とは栃木県の那須温泉、「つかさの湯」とは『日本書紀』に「束間《つかま》の湯」として紹介された長野県の美ケ原温泉を指している（「ともの湯」というのは所在不明）。古くから有名であった別所温泉は別にしても、平安の昔に宮廷に仕えていた清少納言が京の都を遠く離れた那須温泉や美ケ原温泉を知っていたのは不思議である。

有馬温泉と城崎温泉

私は兵庫県の住民である。阪神・淡路大震災が起こる三カ月前に宝塚から有馬温泉と同じ神戸市北区に引っ越して来た。かれこれ四〇年近く、兵庫県の住民をしている勘定だ。この間、ほとんどの県内の温泉には足を運んでいる。

兵庫県内に、現行の温泉法の定義にかなう温泉がいくつあるだろうか。手元にある『ひょうごの温泉』（神戸新聞社、二〇〇三年）という本を見ると、出版された時点で実に八〇余の温泉（日帰り施設を含む）がある。「八〇余」と言ったのは、たとえば「神戸市街の温泉」といったように、複数の温泉が一つとして扱われ、正確に数えるのがむずかしいからだ。この中には現在では無くなっている温泉もあるが、毎年のように新しい温泉が掘削されている状況だから、今では一〇〇を超える温泉があるかもしれない。

兵庫の温泉の中で全国的に知られた温泉としては、有馬と城崎が双璧をなす。第2章で述べたように、有馬温泉は「日本三古湯」の一つとして古い歴史をもち、その効用は昔より全国に知られている。有馬の温泉街のはずれに、「杖捨橋」という橋がかかっている。その名前は、有馬へ来るときは杖を突いて来た人が、温泉の薬効で不自由な身体が治り、この橋のところで杖を捨てて帰ったという言い伝えに由来している。

有馬温泉が古くから効能の大きい温泉として全国に知られてきたのは、その赤錆色の湯、いわゆる金泉に依っている。金泉は多量の塩分と鉄分を含み、赤錆色をした含鉄塩化物泉、むずかしく言えば、含鉄ナトリウム塩化物強塩高温泉という舌を噛むような泉質である。塩分が肌に付着して薄い被膜をつくるため、保温・保湿効果が持続することから、冷え性、腰痛、関節炎、末梢血行障害などに高い効果があるとされている。そのため、「日本三古湯」、「日本三名泉」の一つとして、名実ともに日本を代表する温泉としての地位を築いてきた。

一方、城崎温泉の歴史も古い。舒明天皇元（六二九）年に城崎温泉の起源となった「鴻の湯」がつくられたとされている。「鴻の湯」は、傷ついた一羽のコウノトリが水たまりにつかっているのを村人が見つけ、水たまりに近寄ってみると湯が湧いていたという伝説に由来する。『城崎町史』

（一九八八年）によれば、元正天皇の養老元（七一七）年に道智上人がこの地に足を踏み入れた際、四所明神（現在も城崎温泉街の中心に位置する）に祈願すること一〇〇〇日、「結願の日に至りて、霊泉沸々として樹下に湧出するあり、集まり見る諸人、道智の遺徳を賞賛せざるなく、名づけて曼陀羅の湯という」と記述している。城崎温泉の中では、「曼陀羅湯」は「鴻の湯」に次ぐ古い歴史をもっている。

曼荼羅湯

　こうした「鴻の湯」や「曼陀羅湯」をめぐる城崎開湯の起源をめぐる言い伝えには、それを傍証する史料はなく、あくまでも伝承の世界を出ない。ただ、平安時代初期には、城崎もすでに「たじまの湯」として都びとにもよく知られ、貴族や文人などの来遊が多かったとされている。江戸時代には相撲の番付にならって温泉をランク付けした「諸国温泉番付」なるものが何度も作られたが、当時の最高位であった東の大関が草津温泉で、西の大関が有馬温泉というのが定番となっていた。これに対し、城崎は有馬の後塵を拝し、有馬に次ぐ西の関脇に位置づけられていた。京・大坂に近い有馬とは異なり、日本海の辺鄙な地にある城崎が繁盛するようになったのは、それだけ温泉の効能が優れていたからにほかならないと思われる。

城崎と与謝野晶子

全国の有名な温泉地には、いわゆる文人墨客が滞在して、その温泉にちなんだ数多くの俳句や短歌を残しているところが少なくない。城崎温泉も例外ではなく、城崎を代表する共同浴場「一の湯」の玄関横には、与謝野晶子と鉄幹（寛）夫妻の次のような歌碑が立っている。

日没を円山川に見てもなほ　夜明けめきたり城崎来れば　晶子

ひと夜のみねて城の崎の湯の香にも　清くほのかに染むこゝろかな　鉄幹

城崎にはもう一つ、鉄幹の歌碑がある。城崎駅を背にした右手、「さとの湯」の前にある木製の碑には、彼の次の歌が書かれている。

手ぬぐいを下げて外湯に行く朝の　旅の心を駒げたの音

晶子と鉄幹の歌を比べると、私のような素人でも、晶子の歌のほうがずっと優れているように思われる。これは城崎を詠んだ短歌に限らず、これまで読んだ両者のほとんどの作品においても言えそうだ。温泉地にある有名な歌人や俳人などの歌や句は単なる〝挨拶〟の域を出ず、印象に残るようなものは滅多にない。しかし晶子の歌は「ご当地ソング」の域を抜け出て、その地の特徴をよく掴んでいる。晶子には、次のような有馬温泉を詠った歌もある。

花吹雪兵衛の坊も御所坊も　目におかずして空に渦巻く

兵衛の坊と御所坊というのは、現在も有馬を代表する二つの宿、兵衛向陽閣と御所坊である。御所坊は名前のとおり、天皇の宿舎という意味で、兵衛は天皇が行幸する際の警固などをつかさどった兵士を意味し、その宿舎が兵衛の坊であるとされる。真っ赤に燃える紅葉のころの有馬も素晴らしいが、有馬には桜の名所も多く、晶子が詠うようにその花吹雪は壮観である。生涯、約四万首の歌をつくったとされる晶子であ

一の湯

る。日本を代表する温泉には、たいてい晶子の歌があり、その歌はどれも素晴らしい（私は、小学校四年の時から大学を卒業するまで、与謝野晶子が生まれ育った大阪府堺市に住んでいたので、少し晶子に肩入れしているのかもしれない）。

なお、城崎温泉の「曼荼羅湯」の前には吉井勇の歌碑があり、こんな歌が書かれている。吉井勇も私の好きな歌人の一人である。

曼荼羅湯の名さえかしこしありがたき　仏の慈悲に浴むとおもえば

海内第一泉

ところで、右に述べた城崎での晶子の歌碑の隣に、「海内第一泉」と刻まれた立派な石碑が立っている。以下では、この石碑の文言を手掛かりに、兵庫県を代表する、というよりは日本を代表する二つの温泉、有馬と城崎の〝ホットな〟闘いについて紹介したい。

この「海内第一泉」と大書された御影石の碑は、昭和三七（一九六二）年に建立されたもので、碑の裏面には医学博士藤波剛一（元慶応大学医学部教授）の次のような一文が記されている。「元禄の昔、杏林《きょうりん》（医者の美称）の名家後藤艮山《こんざん》は、此地の新湯に浴して之を第一位に推し、その門人、香川太沖は更に『一本堂薬選』を著して最第一湯とし、爾来《じらい》泉名とみに江湖に伝わるに至った。……城崎温泉共同浴場の清楚たるは、未だ嘗《かつ》て他に見ざる所、昭和の今日海内第一湯と称するも敢えて過言ならずとする」（この一文は、『城崎町史』にも載っている）。文中、香川太沖《たいちゅう》（修庵あるいは修徳とも言い、一本堂と号する）が但州城崎新湯を最第一とするというとき、「新湯《あらゆ》」というのは現在の城崎温泉を代表する「一の湯」を指している。

また、文中の後藤艮山《こんざん》（一六五九―一七三三年）とは、日本における科学的温泉療法の創始者といわれる人物である。艮山の医学に対する基本的な立場は、治療に役立つものなら何でも採り入れようというところにあり、中国産の高価な漢方薬を避け、温泉、熊の胆《い》、艾《もぐさ》、灸などを用いることが多かったので、「湯熊灸庵《とうゆうきゅうあん》」とも呼ばれている。艮山は温泉療法研究という従来にない新分野の開拓者とされているが、その一環として入湯による治療効果の因果関係をきわめるべく実験場に選んだのが城崎温泉であり、この実験を通じて艮山は城崎を日本一の名湯と認識するようになったとされる。

海内第一泉の碑

後藤艮山の医学および温泉学は、二〇〇人あまりといわれる弟子に受け継がれ、発展していった。とくに温泉学については、師の科学的な温泉療法を最もよく継承したのが姫路出身の香川修庵（一六八二―一七五五年）であり、享保一九

（一七三四）年には有名な医学書『一本堂薬選』全四巻を著している。

修庵は、『一本堂薬選』続編（一七三八年）において、温泉療法について詳述し、本邦最初と言ってもよい体系的な温泉論を展開する。たとえば温泉を「試効（温泉の効能）」、「審択（温泉の選択）」、「浴試（入浴の実験）」、「浴度（入浴の回数）」、「欲法（入浴の方法）」、「浴禁（入浴時の禁忌）」などの項目に分類し、「極熱にして瘡《そう》（きりきず・できもの意）を発するものを以て佳とし、微温にして瘡を癒すものを悪となす、是を以て弁別すれば即ち諸泉悉《ことごと》く推知すべし」との温泉選択の基準を示し、この基準から城崎温泉を日本第一位に推挙し、これより低温の有馬、熱海温泉などを第二位に置いたのである（小澤清躬『有馬温泉史話』、一九三八年）。また温泉の味や色の観点からすると、「有馬温泉のごときは……至って苦きを以て不佳である。あるいはまた有馬温泉のごとく、布帛を染めて黄赤色となし歯をそめて紫赤色となすは、疑うらくは鉄気《かなけ》によるのであって、この二色共に不佳である。尚《なお》また有馬の湯を呑んで直ちに瀉痢《しゃり》（下痢）するのは毒気のあること疑いなく……一般人の湯治には不適当である」（同書）とまで断定する。一方、薄い塩気があり、鏡のように澄んでいる城崎温泉は「極めて佳なり」と絶賛する。このようにして香川修庵は自らの基準に従って明確に城崎を有馬の上に位置づけ、前者に「海内第一泉」（日本一の温泉）との折り紙を付けた。鉄錆色の有馬の湯よりも澄明な城崎の湯に軍配をあげたのである。

こうして後藤艮山、香川修庵という当代随一の名医から、城崎温泉は日本第一の名湯とされ、そのことが直接の契機となって有馬の名声は次第に落ち、逆に城崎はますます繁盛するようになったとされている。

有馬の逆襲

自他ともに「西の大関」を認める有馬からすれば、城崎の評判が有馬より高くなることは面白いはずがない。そこで当時の有馬の旅館が中心となり、必死に巻き返しを図った。すなわち、文化一三（一八一六）年、旅館兵衛の主人元式らが中心となり、有馬贔屓《ひいき》の医者柘植彰常に働きかけた。彰常は大阪河内の柏原（現在の柏原市）の出身で、龍洲《りゅうしゅう》と号し、当時の大坂では医者としての令名は高かったようで、有馬にもたびたび出かけていた。有馬の旅館の主人たちが、その龍洲に有馬の窮状を打開する方策について相談したのである。龍洲はこれに応えて『温泉論』全四巻を執筆して香川修庵の説がいかに科学的根拠を欠いたものであるかを仔細に論述し、有馬温泉の卓越した効能を紹介した。『有馬温泉史料・下巻』には、「文化一三（一八一六）年二月、是レヨリ先、大和高取藩医柘植彰常竜州、有馬兵衛元式等ノ諮問ニ答エ、温泉ノ泉源ヲ浚渫シテ、泉勢ヲ回復セシム」と述べられ、兵衛元式らの諮問内容と、それに対する龍洲の答申の全容が克明に記されている。『有馬温泉史料』は、元有馬温泉観光協会会長の風早恂《かざはやじゅん》によって編纂されたもので、「舒明三（六三一）年、舒明天皇、摂津国有間温湯ニ幸ス」という、舒明天皇の有馬温泉への行幸の記事で始まり、明治維新直前までの有馬の歴史に関する資料を編年集録したものである（この書は、小澤清躬の『有馬温泉史話』と並んで、有馬温泉の歴史についてのバイブルのような存在である）。上下二巻の大冊であるが、この中で最も長文の資料が掲載されているのは、龍洲の六回にわたる答申部分である。こうした点にも、後藤艮山や香川修庵によって城崎の下位に位置づけられ、痛くプライドを傷つけられた有馬側の並々ならぬ執念が込められているように思われてならない。

さて龍洲の『温泉論』は、有馬と城崎の優劣を論じたうえで、修庵の説に真正面から反論する。「有馬温泉を反復玩味してはじめてただに塩水のみならず、別に扑消硝石の精華が共に湧出していることを知った。……飲んで直ちに腹部の雷鳴をもって瀉痢するのは、独り潮性の力と硫黄とがもっぱら作用するのみに非ずして、扑消と硝石の存在することは明瞭である。すなわち飲んで直ちに下痢するのは、この扑消と硝石とに由るのであって、もちろん無毒なることは昭々として明らかである」（『有馬温泉史話』）と述べる。さらに有馬温泉の湯の色や臭いについて説明して温泉の効能を称賛し、「これ天下に冠たる所以《ゆえん》なり」と結んでいる。

こうして修徳の『一本堂薬選』続編が著されてから八〇余年後に、ようやく有馬温泉の名誉が回復されることになった。龍洲の『温泉論』によって、有馬温泉の関係者は大いに溜飲を下げたことであろう。こうした有馬側の必死の巻き返しが、その後の「有馬千軒」といわれる文化文政時代（一八世紀前半）の有馬の隆盛をもたらしたといわれる。

だが、後藤艮山や香川修庵の活躍によって有馬が城崎の後塵を拝するような状況に追い込まれ、逆に柘植龍洲の活躍によって再び有馬が隆盛を極めるようになったと考えるのは、あまりにも短絡的に過ぎるように私には思われる。というのは、当時の出版事情などを考慮すれば、修徳の『一本堂薬選』や龍洲の『温泉論』が広く読まれ、一般の人々にも大きな影響を及ぼしたとは到底考えられないからである。城崎と有馬との逆転を許した最大の原因として、有馬温泉の湧出量が激減し、湯の温度も大幅に低下して入浴に適さなくなったからである（これについてはすでに第1章で説明した）。

また、『有馬温泉史話』は有馬温泉における「泉源の浚渫」について詳述し、その中で柘植龍洲に触れて次のように記している。

「彼（龍洲）は当時その温度の低下は温泉自体のものに非ずして、温泉が渓間《たにま》の底にわいているので四面の澗水《かんすい》（谷の水）が滲入するためであるとして、泉源の浚渫加工の必要なることを唱えていた。有馬の兵衛元式等もこの説に共鳴して、工事の実施を熱望していたが一般町民が理解せぬので、ついに龍洲を大坂から呼び迎えて講演してもらった。ここにおいて龍洲は日頃の蘊蓄《うんちく》をかたむけて温泉論を講じ、さらに浚渫の必要を高調した。満堂またすこぶる緊張して傾聴した結果、町民は一挙にして浚渫を決議し実行した」。先に引用した同書に、「温泉ノ泉源ヲ浚渫シテ、泉勢ヲ回復セシム」とあるのは、このことを指している。現在の有馬では、柘植龍洲の名前はすっかり忘れられているが、龍洲は行基、仁西そして豊臣秀吉の、「有馬の三恩人」とともに忘れてはならない有馬の大恩人なのである。

有馬の三恩人

行基、仁西、秀吉の三人が有馬温泉の恩人とされる理由について簡単に説明しておきたい。

まず行基である。奈良時代、全国を行脚していた行基は、薬師如来の導きで有馬へとたどり着き、温泉寺を創建して有馬の再興に力を尽くしたと伝えられる。『有馬温泉史料・上巻』には「天平勝宝元（七四九）年二月二日、大僧正行基寂ス、是ヨリ先、行基、有馬ニ温泉寺ヲ創建スト伝ウ」との記述があり、これに加えて行基が温泉寺を建立するに至る前後の事情を説明した「温泉山住僧薬能記」という文書も引用している。

ねねの像

次に、奈良吉野の僧であったといわれる仁西は、建久二（一一九二）年、熊野権現の夢のお告げによって有馬を訪れ、承徳元（一〇九七）年の大洪水により壊滅状態となった有馬の泉源を再開発するとともに、温泉寺の本尊薬師如来を守護する十二神将にちなんで一二の「坊」（僧侶の宿泊施設）をつくり、その後の有馬の隆盛を導いたといわれる。すでに述べたように、有馬に現在でも「坊」と名のつく旅館が多いのは、この名残りである。

その後、室町時代から戦国時代にかけて有馬は繁盛するが、亨禄元（一五二八）年に大火に見舞われ、再び荒廃してしまう。この大火で焼尽した有馬を救ったのが豊臣秀吉である。秀吉は北政所（ねね）や淀君、千利休らを伴い、一一年間に九回も有馬を訪れている（秀吉の有馬訪問の回数については諸説あるが、長濃丈夫「太閤秀吉と有馬温泉」（『神戸史談』第二二七号、一九七〇年）が詳しい）。有馬を気に入った秀吉は、別荘の「湯山御殿」を造らせたり、泉源の保護工事などの大規模な改修工事を行ったり、大茶会を催したりしたが、この秀吉の尽力によって有馬は再び温泉地としての賑わいを取り戻す。

秀吉像

平成七（一九九五）年の阪神・淡路大震災では有馬も大きな被害を受けたが、このとき地震で壊れた極楽寺の庫裏《くり》の下から「湯山御殿」の遺構の一部が発見され、現在では「太閤の湯殿館」として整備されて一般に開放されている。また秀吉の大茶会を偲んで、毎年一一月二・三日の両日には瑞宝寺公園で有馬大茶会が開かれている。さらに温泉街の入り口にある「湯けむり広場」には、噴水の横に秀吉の像が建てられ、この秀吉像の視線の先には、ねね像が建てられるといった心憎い工夫もなされている。このように、現在でも有馬と秀吉の深いかかわりを示す施設や行事などは数多い。

日本第一神霊泉碑

日本第一神霊泉

有馬温泉の「金の湯」の玄関前には、正面に「日本第一神霊泉」と大書した四角い石碑が建っている。また石碑の右側面には「有馬之温泉甲於天下」と記されている。この石碑は文政一〇（一八二七）年、中国の文人で頼山陽と親しかった江芸閣が来て、「日本第一神霊泉」の石碑を残したものである。石碑は龍洲の『温泉論』が執筆されてほぼ一〇年後に建立されたものであり、有馬温泉こそは天下第一の温泉であることを世間に高らかに宣言した趣がある。これは、香川修庵が城崎温泉を「海内第一泉」と名付けたことに対する反旗であり、有馬の城崎に対する勝利宣言のように私には思われる。

幾多の盛衰を経験した有馬温泉には、現在、大規模なホテル・旅館が建ち並び、いずれも内湯の良さを誇っている。現在の有馬の隆盛をみると、比較的最近まで有馬温泉のホテル・旅館が内湯を持たず、浴客は町の中心にある外湯にまで行って入浴していたことは、すっかり忘れられている。

田山花袋の『温泉めぐり』という本には、次のような有馬についての記述がある。

「温泉の湧き出しているところは、町の中央で、そこに大きな浴槽をつくって、何処の浴舎からも客は皆手拭を持って其処《そこ》に出かけていくようになっている。そしてきまった湯銭《ゆせん》を払うようになっている。この湯銭制度、即ち銭湯と同じ組織は、上方地方でなければ見られないもので、関東や九州の湯の多いところでは、決してこんな風に湯銭を取らない」。この本の初版は大正一五（一九二六）年に出ているから、この頃までは有馬に来た浴客は外湯のみを利用したことは確実である。

花袋のいう大きな浴槽があった場所というのは、現在の「金の湯」があるところで、以前の有馬温泉の共同浴場「元湯」があった場所である。共同浴場「元湯」は、中で仕切りがされており、南側を「一之湯」、北側を「二之湯」と呼んで、それぞれの旅館（坊）は、そのどちらかしか利用できないと定められていた（第3章参照）。つい最近「金の湯」に入浴した際に、男湯にかかっている紺色の暖簾には「一の湯」と染められ、女湯の赤い暖簾には「二の湯」と染められていることに気が付いた。これは、外湯しかなかった時代の有馬の歴史を物語っている。

古い歴史を誇る有馬温泉ではあるが、時代の新しい波も押し寄せている。以前、「金の湯」に立ち寄ったときのことである。午前九時を少し過ぎていたように思う。私の経験では、この時間帯は一番空いていてよく利用するのだが、この時は予想に反し入浴客で溢れていて、浴室には三〇人ほど居ただろうか。非常に賑やかなのだが、驚いたことに、私の耳には日本語がまったく聞こえない。私以外はほぼ全員、韓国からの観光客が占拠していたのである。フロントの話では、このようにアジア系の観光客（とくに韓国、台湾、中国からの旅行者が圧倒的に多い）が大挙して入浴に来るという事態は、今では少しも珍しくないそうだ。

また、いつか聞いた話では、団体で有馬にやってくる外国からの観光客が大幅に増えているのは事実であるが、入浴するだけで有馬にはあまり泊まらず、多くは京都や大阪のホテルを利用するとのことである。あまりおカネを落としてくれないから、外国人観光客は地元にはそれほどありがたくないのかもしれない。ただ、全国の有名温泉地に比べると、有馬のホテル・旅館は概して宿泊料金が高いように思われてならない。もう少しサービスの内容に応じたリーズナブルな料金設定があってもよいのではないか。古くからの伝統と、「関西の奥座敷」ともいわれる利便性にあぐらをかいて、経営努力を欠いている面があるのではないか、というのが私の常日頃の感想である。それこそ城崎温泉のように、多少サービスは悪くとも低価格の宿、長期滞在型の宿があってもよいのではなかろうか。休日などはとくにそうだが、狭い路地が車で混雑し、浴客や観光客が落ち着いて散策できないのも大きな問題だ。車対策は有馬最大の、喫緊の課題であるということを声を大にして言いたい。

神戸市の調べでは、有馬温泉の観光客は最近では百三十万〜百五十万人ほどで推移して頭打ち傾向が続き、温泉地全体の売上高も減少傾向にあるという。二〇一三年には建久二（一一九一）年創業の老舗旅館が休業するという激震にも見舞われた。日本を代表する温泉にも陰りが見えるなか、時代の流れに即した対応が求められる。たとえば、温泉と健康志向を組み合わせて医療施設を備えたクアハウスの設立や長期滞在型宿泊施設の充実、温泉と六甲山観光を一体化した、あるいは周辺の農家と提携したグリーンツーリズムの展開、マスから個への流れに対応した個性的な宿づくりと古い歴史・文化を誇る有馬ならではの町づくり（その一環としての温泉博物館の設立）、海外からの観光客の誘致と国際化への対応などが考えられる。

有馬温泉は私にとって自分の家の風呂のような存在である。有馬には人一倍関心を持ち、暇を見つけては有馬に関する貴重な資料を集め、それを読んでは有馬の奥深い歴史を勉強している。長い歴史を誇る「日本第一神霊泉」もグローバル化の流れの中でさまざまな問題を抱え、大きな曲がり角に立っているように思われる。

第5章

子宝の湯

有馬温泉と子宝の湯

「温泉というものはなつかしいものだ。長い旅に疲れて、何処かこの近所に静かに一夜二夜をゆっくり寝て行きたいと思う折に、思いもかけずその近くに温泉を発見して、汽車から下りて一、二里を車または乗合馬車に揺られ、山裾の村に夕暮の烟《けぶり》の静かに靡《なび》いているのを見ながら、そこに今夜は静かにゆっくり湯に浸って寝ることができると思うほど、旅の興を惹くものはない」（田山花袋『温泉めぐり』岩波文庫、二〇〇七年）。『温泉めぐり』はこんな文章で始まる。私の手元にある改定増補版の初版は大正一五（一九二六）年の発行となっている。自然主義文学の大家といわれるけれど、ある文芸評論家がこの書を評して凡庸を絵に描いたような書であるというような評をしていたのを記憶している。だが、日本各地の温泉を美辞麗句抜きで凡庸に記述しているからこそ、温泉に行ってみたいと思わせる魅力がある。

有馬温泉についても、「有馬は昔から聞こえているところだけあって、いかに老衰した温泉だとはいっても、それでも湯の町らしい感じがあって好い」とか、「昔から名に聞えて、秀吉が淀君を伴《つ》れて入浴したこともあるという温泉だけに、地形から言えば、かなりすぐれた好い山の中である」といった調子で淡々と綴っている。それはそれでよいのだが、やはり行きずりの旅人の目ではわからないことは多いはずだ。私のように有馬の近くに住んでいて暇があるといつも有馬温泉に出かけている者でも、有馬の奥深さに気付くようになったのは最近のことだ。その一つは、昔から有馬が「子宝の湯」として知られていたという事実である。以下、このことを書いてみよう。

　これまで繰り返し述べているように、有馬温泉が知られるようになったのはかなり古い。舒明天皇一二（六四〇）年、後の孝徳天皇となられる軽皇子《かるのみこ》は、その后で左大臣・阿部内麻呂の娘・小足媛《おたらしひめ》とともに有馬温泉に滞在、その時に待望の男の子が生まれたので「有間」と名付けたとされる。有馬温泉の「有馬」は、昔は「有間」と表記された。有馬温泉の近くにある「有間神社」はその名残りをとどめている。

悲劇のプリンス・有間皇子

有間皇子の墓

　第三六代孝徳天皇の皇子に有間皇子《ありまのみこ》がいた。孝徳天皇は大化の改新の中心人物であった中大兄皇子（後の天智天皇）の母である斉明天皇の弟にあたり、有間皇子と中大兄皇子は従兄弟関係にあった。ともに有力な皇位継承者であった。白雉四（六五四）年、孝徳天皇が亡くなり、中大兄皇子は皇太子として政治の実権を握ったまま、中大兄皇子の母が再び斉明天皇として即位した。しかし皇位継承のライバル関係にあった中大兄皇子にとって、有間皇子の存在は放ってはおけない脅威であったようだ。『日本書紀』によれば、斉明天皇四（六五八）年、天皇は中大兄皇子を伴って飛鳥から紀伊の「牟妻《むろ》の湯」（現在の南紀白浜温泉）に湯治に出かけている。湯治に出向いた天皇の留守を狙って、有間皇子に蘇我臣赤兄《あかえ》は謀反をすすめる。有間皇子は、政争に巻き込まれるのを避けるために心の病を装い、療養と称して「牟妻の湯」に出かける。だが結局、赤兄の謀略により中大兄皇子の差し向けた軍勢によって捕らわれ、謀反を企てたという罪で斉明四年一一月一一日、藤白坂（現・和歌山県海南市藤白）で処刑された。まだ一九歳の若さだった。

万葉集には、有間皇子の歌とされる二つの歌が収められている。

家にあれば笥《け》に盛る飯《いひ》を草枕　旅にしあれば椎の葉に盛る
磐代《いわしろ》の浜松が枝《え》を引き結び　真幸《まさき》くあらばまた還《かへ》り見む

前者は有名である。「家にいると器に盛って神に供えるご飯を、今は旅に出ているので椎の葉に盛ってお供えすることだ」という意味である。捕われて紀の国に護送された時に詠まれたとされている。ただし、この歌は有間皇子自身の作ではなく、後世の人が皇子に仮託して詠んだものという説もある。いずれにせよ、護送されている時の、生きるか死ぬかの不安な気持が詠われている。

後者は、「岩代の浜松の枝を引き結んで幸いを祈るのだが、もし命あった時には再び帰ってきてこれを見よう」というのである。これらは、万葉集の「挽歌」の部の冒頭に載っているもので、まさに有間皇子の絶唱であり、辞世の歌といえよう。

以前、藤白神社に「有間皇子まつり」を見るために出かけたことがある。この祭りは、皇子の命日とされる一一月一一日に近い第二日曜日に催行される。神社はＪＲ海南駅から歩いて二〇分足らずの所で、晩秋の雨が降るなか、熊野古道を通って藤白神社にたどり着いた。神社の境内の一角にある有間皇子神社では、すでに皇子の慰霊祭が始まっており、その後も境内に設定された舞台の上で、万葉の歌と踊りが繰り広げられた。登場人物はいずれも、万葉時代の装束を身に着けて踊っている。おそらく地元の若い青年男女なのだろう。有間皇子に扮する男性も彼を取り巻く女性たちも、その踊りは決して上手とはいえないけれども、それだけにかえって皇子を悼む気持ちが素直に伝わってくる。藤白神社で買った『ふじしろ初山踏《うひやまぶみ》』という本には有間皇子神社の説明があり、「若くして悲運に散った万葉の貴公子・有間皇子を祀っています。不幸は自分だけでよい。若者は己の生命を精一杯生きてほしいと皇子の魂は願っています」と書かれている。

また、神社の境内には楠の巨木があり、その樹下に子守楠《こもりくす》神社がある。熊野の神が籠る（子守《こも》る）とされ、子授け、安産、子育ての神様として知られているそうだ。神社の前には、「子宝」と印字されたお守りがいっぱいぶら下がっていた。藤白神社から二、三分のところに、藤白坂という緩やかな熊野古道の坂道があり、その路傍に有間皇子の墓がある。たくさんの花が供えられたお墓に詣でて、雨脚が強くなるなかを帰路についた。
有間皇子は有名であるが、藤白の地名自体も古くから知られている。先の『ふじしろ初山踏』には藤白を詠った和歌がたくさん載っている。そのうちの最も有名な一首だけを引いておこう。悲運のプリンス有間皇子を偲んで作られたものである。

藤白のみ坂を越ゆと白妙のわが衣手《ころもで》は濡れにけるかも　万葉集　巻九―一六七五（作者不明）

子授けの神・はらみの梅

ところで、その有間皇子であるが、皇子は孝徳天皇の有馬行幸の際に有馬温泉で生まれたと伝えられている。真偽のほどは明らかではない。ただし、風早恂編『有馬温泉資料』（上巻）によれば、「大化三（六四七）年一〇月一一日、孝徳天皇、有間温湯ニ行ス」とあり、天皇が現在の有馬温泉に行幸されたことは確かなようだ。こうした有間皇子の出生伝説もあって、いつからか有馬は「子宝の湯」としての評判を築くようになった。子宝を求める数多くの都人が、はるばる有馬温泉に赴いたといわれる。現在も有馬温泉の有名な伝統工芸品「有馬人形筆」は、有間皇子誕生の故事にちなみ、子宝に対する願いを込めて、永禄三（一五五九）年に有馬の伊助という人によって創作されたという。筆先を下に向けると、筒先から子宝に見立てた可愛い人形がぴょんと顔を出す。この筆は、有馬温泉の中心部を通る湯本坂に面している西田筆店が古くから製作し、販売している。店には、「有馬筆ひょいと出たる言の葉も人形よりは珍しきかな」という本居宣長の一首が竹を割った筒の裏に書かれている。宣長も有馬に来てこの店に寄ったのだろう。

有馬温泉中心街のすぐ南側に愛宕山公園があり、この山の中腹に有馬の氏神・温泉守護神として崇められる湯泉《とうせん》神社がある。この神社も子授けの神として知られている。湯泉神社は、有馬の湯に入ってから神前に祈願すれば、子宝に恵まれると言い伝えられている。神社には玉鉾さま、阿福さまとよばれる子授けのお守りが売られている。この子授けのお守りの起源は古く、平安時代末期の「伊呂波字類抄」という日本最古の辞書にも記載されている。子宝に恵まれない人々が男形・女形それぞれの形を作り、夜陰ひそかに神前に献じて子授けを祈願したことに始まるという。湯泉神社の本殿の横には、子安堂という小さなお堂がある。先年、湯泉神社を訪れたとき、何気なくその社の中を覗き込んだら、大きな男性と女性の性器をかたどった木製のものが祀られているのにびっくりした。

「有馬人形筆」の店を過ぎて緩やかな湯本坂を少し上ったところに、浄土真宗の古刹・林渓寺がある。この寺も子宝に関係がある。寺の門をくぐって境内に入ったすぐ右手に、「未開紅」という樹齢二〇〇年以上の紅梅の古木がある。名前の由来は、一七八一年、本願寺の門主であった乗如上人が有馬入湯の折に、梅の蕾の紅色がとくに深く美しいのを見て名付けたものといわれている。毎年三月下旬になると美しい八重の紅梅が咲く。古くから、この梅の実を食べると子宝に恵まれるという言い伝えがあり、別名、「はらみの梅」とか「にむしんの梅」と呼ばれている。

柘植龍洲の龍筩

以上のような伝承が積み重なって、有馬温泉は古くから子宝の湯として評判を得てきた。先述した有馬温泉の恩人の一人、柘植龍洲も子宝の湯としての有馬の評判に大きな影響を与えている。ここでは龍洲が発明し、有馬温泉でその効用を何度も実験した「龍筩《りゅうとう》」と呼ばれる器具について説明することにしよう。龍筩というのは、簡単に言えば、女性器の洗浄器であり、今でいうビデの役割を果たす用具である。

小澤清躬は『有馬温泉史話』のなかで、龍洲の『温泉論』に基づいて龍筩について詳細に論じている。龍洲も清躬も医者だったからか、それとも単なる好奇心からか、読んでいてこちらが気恥ずかしくなるほど、その説明は微に入り細にわたっている。

その要旨を述べると次のとおりである。龍筩は別名を蕣注《しゅんちゅう》とも言い、温泉を噴射させる器具である。それは漏斗《ろうと》のような形をしていて、上方から下方に向かって次第に太くなり、あたかも朝顔（蕣《しゅん》）の花の形をなしている。下の太い部分で湧き上がる温泉を受け、上の細い部分を通してこれを子宮の内部に流入させる有様は、あたかも龍が口から水を吐くのに似ている。龍あるいは蕣の一字を用いたのは、そうした洗浄器の作用あるいは形状から名前が付けられたからである。龍洲は龍筩を女性の年齢とサイズに合わせ、大蕣、中蕣、小蕣の三つのタイプを制作した。

彼の第一の試作品は、竹筒の外側に昆布を巻いて作ったもので、小澤清躬は「昆布が温泉でちょうどよい程度に柔らかになり、そのぬるぬるした触感はあまり悪くもなく、かつ操作上にも都合のよかったことと思われる」と述べている。

第二の試作品は、有馬の帰途、浪花（大阪の古称）に立ち寄り、硝子工に注文して最初の作品と同じ形状の漏斗型のものを作ったが、その素材はギヤマン（ガラス）でできている。この作品は、龍洲の言葉を借りると、「その色玲瓏《れいろう》にしてすこぶる賞翫《しょうがん》すべき趣があった」ものの、有馬温泉には浴槽の下に石が敷いてあるので、ガラス製では取り扱う際に壊れやすいという欠点があったという。

そこで次に三番目の試作品として、材料をガラスから銅に変えて銅匠に作らせ、これを有馬の旅館の女将に贈って実験を依頼した。しかし考えてみれば、銀や銅は器具としては堅牢でよいが、物に触れるとカラカラと音がして、同浴（もちろん当時は男女混浴であった）の人々の注意を引いて具合が悪い。そのうえ、有馬の湯に浸けるとたちまち変色して錆びやすいという欠点があった。また鉄、錫、あるいは動物の牙や角で作った器具を試してみたものの、それぞれ一長一短があって利用するに値するものがない。

こうしていろいろ思案を重ね、試作品を実験した結果、ついに適当な瓢箪《ひょうたん》を選んで、それを横に切ってその上半分を取って漆で塗ったところ、きわめて優秀にして軽便なものができあがった。これにさまざまな蒔絵を描き、金粉を施すと非常に美しい。こうして瓢箪で作ったものは、「膣口への接触も剛柔相合って甚だ調子よく、ここに始めて天然の龍箭を得ることができた」(同書)と評価する。

有馬温泉といえば、瓢箪とは関係が深い。瓢箪は有馬を愛した豊臣秀吉の馬印《うまじるし》として親しまれている。馬印というのは、戦場で大将の馬のそばに立ててその所在を示す目印としたもので、秀吉の千成瓢箪がとくに有名である。毎年七月の七夕のころに「有馬の工房」で開かれる「有馬ひょうたんまつり」では、瓢箪の品評会や展示会、加工教室などが開かれる。常設展示もされていて、工房内には見事な瓢箪が飾られている。それを見ると、龍洲が最後に考案した龍箭の形状をイメージすることができる。

柘植龍洲は、『温泉論』の中で次のように述べている。「彰常(龍洲の本名)一度馬山(当時来遊の詩人騒客は有馬を洒落れて馬山あるいは馬峯などとよんでいた)に入るや、天下孕むべからざるの婦無きを識る。天下の婦百度馬山を企つるとも、善く孕むべき道に由らずんば、悪んぞ孕み得べけんや」。すなわち、すべての婦人病を治しあるいは妊娠を欲するならば、自分の考案した龍箭を使用するに限る、これが最上の方法であって、もしこの器具を用いるならば、百発百中必ず成功すると自信たっぷりにいう。小澤清躬はこの一文を紹介し、『温泉論』における龍箭の記述について、「ひとりで大いに痛快がっている」、「あたかも手足の汚れを石鹸でさっぱりと洗い落すように、いかにも手軽に調子よく片づけている」、「いかにも都合よく解釈していた」とからかっている。

しかし一方で、その効用についても認めている。清躬は、温泉が慢性の婦人病に対して、きわめて有効なのは周知の事実であるが、その理由は骨盤の充血を起こさせて炎症の吸収を盛んにすることであると述べ、また龍洲の発明した龍箭による洗浄について、「現今の婦人科医学におこなわれる子宮洗浄に相当するもので、これは局所を清潔にして同時に粘液などが、子宮頸管《けいかん》を閉塞しているような場合には、これを除去してその排泄を良好にし、もって精子の進入を容易ならしめるというような点にあると思う。したがって龍箭を以てする方法もたしかにある程度までは合理的であるといい得るのである」と評価する。こうした冷静な分析には、さすがに医学博士としての清躬先生の一面が垣間見える。

小澤清躬は、龍箭について次のように結論付ける。「要するに龍箭なるものは、柘植龍洲がはじめて有馬温泉で考案して、ここで使用せしめたものであるが、これは有馬温泉のように浴槽の底から相当の勢いをもって湧きあがる所でなければ、用をなさぬものであり、また他の温泉場には、かかるもののあったことを聞いておらぬ」。これからすると、『有馬温泉史話』が書かれた昭和一三（一九三八）年ごろまでは、有馬温泉・元湯（現在の「金の湯」）では、湯船の底から湯が勢いよく出ていたようである。

昔、湯女が客の酒席で唄った「有馬ぶし」の中にこんな一節がある。「有馬名物大きな筆をぶらぶらと、子種をば祈る薬師の湯壺にてまたぐら広げふくふくと、湯花のあたる心地よさ、かくし上戸は幕の内、子壺へ入れ玉ふ」。ここで「かくし上戸」とは龍洲の考案した龍箭のことで、有馬では一般に「かくし上戸」という名前が使われていたという。実際、「現在生存している老湯女の話によれば、明治一五、六年頃までは各湯戸ではみな「かくし上戸」を用意して、婦人客の求めに応じて貸し出し、さかんに使用された」（前掲書）とされている。

妬の湯

最近、司馬遼太郎が龍箭について書いていることを知った。司馬遼太郎短編全集第七巻（文芸春秋、二〇〇五年）の「妬《うわなり》の湯」という佳品に登場する（ただし、この作品では龍箭には龍筒という字が当てられている）。司馬遼太郎は妬の湯の由来について、「女人が、湯に浸りながら夫の名や、仇《あだ》し者の名をよぶと、底からごぼりと湧くという。湯が嫉妬して怒沸するゆえ、そんな名がつけられているのであろう」と書き、有馬の「妬の湯」は間欠泉であったという。この湯は、有馬温泉のメインストリートである湯本坂に面する旧・妬泉源の所にあったもので、現在は湯が涸れていて、その傍に新しい泉源が掘られている。

「妬の湯」には、昔の有馬温泉の描写に続いて龍筒が登場する。こう書かれている。「胴体は蒔絵をほどこしてある。大きな椀ほどのもので、形も椀に似ている。椀を伏せたような胴体をもち、その糸底の部分からにゅっと大きな親指大、長さ二寸ほどの突起が出ており、なかはがらんどうであった。

いかさまめずらしい形のものである。持つと意外に軽かった」。こんな文章を読むと、司馬遼太郎という作家が短編を書くにもいかによく考証しているか感心してしまう。

全国の子宝の湯

本章の最後に、全国の子宝の湯として知られる温泉に触れておきたい。医学博士の西川義方は、『温泉讀本』（実業之日本社、一九五八年）に次のように記している。「不妊症の婦人が、温泉療法によって不妊の原因となっていた病症を除き去ることによって、妊娠の幸福を得るということは、古くからの経験である。そうして、その温泉が、高僧知識によって開湯されているところが多い為に、信仰感謝の意味から、『子授けの湯』と称えているのである。また読んで字の如く『子宝の湯』とも呼ばれている」（旧仮名遣いは現代仮名遣いに改めた）。そして具体的に子宝の湯として次のような温泉を挙げている。静岡県の吉奈《よしな》温泉（芒硝性苦味泉）、新潟県の栃尾又温泉（単純泉）、福島県の熱塩《あつしお》温泉（土類含有弱食塩泉）、山形県の五色温泉（アルカリ泉）、群馬県の伊香保温泉（土類含有弱石膏性苦味泉）である。これを見ると、どうやら子宝の湯と温泉の泉質とは直接の関係はなさそうである。

このほか、全国に「子宝の湯」と呼ばれる温泉はいくらでもある。ただ、これまで述べたような歴史的な経緯や泉質などを考えると、やはり有馬温泉が日本屈指の子宝の湯であるといわれるのも道理であるように思われる。

第6章

温泉の経済学

高度成長と温泉

全国のほとんどの有名温泉地は共同の外湯を中心に栄えてきたと言っても差支えない。有馬温泉もそうである。有馬温泉観光協会が平成一一（一九九九）年に発行した小冊子「しっとりと有馬」の年表を見ても、「昭和二五年に天神泉源を掘る。この後、極楽泉源、妬《うわなり》泉源などができ、各旅館が内湯となる」とされている。私のように暇ができれば有馬に通い、旅館の内風呂を利用させてもらう者には、有馬の旅館・ホテルが温泉を引いたのはこんなに新しいのかと驚くほどだ。

事情は有馬と並ぶ兵庫県下の代表的な温泉、城崎でも同じである。『城崎町史』（一九八八年、城崎町発行）によれば、「昭和三一年一〇月に二カ所の集湯槽より、六カ所の外湯と旅館四〇軒（私有泉源所有者四軒を含む）に集湯槽で約五四度の温泉に調節して……数地区に分散して温泉を配湯することになった」と記されている（この城崎の配湯方式については後に詳しく述べることにする）。

有馬にしろ、城崎にしろ、日本の古い温泉は外湯を中心に発展したが、次第に各旅館・ホテルは内湯を重視するようになった。とくに日本が高度成長時代を迎えた一九六〇年代後半から七〇年代にかけて団体旅行がブームになると、各地の有名温泉地は団体旅行の誘致に力を入れ、新たに内湯をつくったり、それを拡充するなどの競争にのめり込んだ。こうして熱海や白浜、別府など日本を代表する温泉地では、旅行といえば団体旅行だった時代に施設の大型化が飛躍的に進んだ。全国の旅行代理店が温泉地の旅館やホテルに団体客をこれでもかこれでもかと送り込み、収容しきれなければ収容力の拡大を勧める。そのためには、銀行もいくらでもカネを貸すという時代だった。高度成長期の有名温泉地は、どこもそんな雰囲気にあふれていた。温泉に対する需要が増加すれば、それに応じて供給も増大するという時代だった。木造の平屋や二階建ての温泉宿が、二―三年後に訪れると高層の近代的なホテルに変わっていたものだ。

だが、こうした右肩上がりの成長はいつまでも続かない。温泉資源には限りがあるという当たり前のことが認識されるようになったのである。温泉というのは、雨や雪が長い歳月をかけて地下にしみ込み、マグマや地中の熱によって温められたり、岩石の成分や地中のガスなどが溶け込んだりした溜まり水が地上に湧き出してきたものだ。だから、湧出する温泉の量には一定の限度があるから、その限度を超えて温泉水をくみ上げると、溜まった温泉水がいつかは枯渇してしまう。温泉資源に対する需要が増大すればするほど、その供給余力が減少し、いつかは天井にぶつかってしまうのである。

掘削技術の進歩

第1章で述べたように、温泉には自然に湯が湧き出す自噴型と、ポンプを使って強制的に湯をくみ上げる動力型（ポンプアップ方式）の二つがある。また、温泉は火山帯にある火山性の温泉と、火山とは直接関係ない非火山性の温泉に分類できる。火山性の温泉は雨水などが染みこんだ地下水が火山のマグマに熱せられたもので、多くの昔ながらの温泉がこのタイプに属する。これに対して、非火山性の温泉というのは、近くに火山がなくても、深く掘り進めて行けば地中の温度が高くなり、地下水が熱せられてできた温泉である。自噴型の温泉は火山性の温泉に、動力型の温泉は非火山性の温泉にほぼ対応している。日本の場合、大正から昭和初期までは自噴型の温泉だけを利用していたが、第二次大戦後は動力型が主流となり、現在では国内の約七割の源泉で動力型が用いられている。そうすると、湧き出す量以上にくみ上げると、溜まった温泉水が枯渇するのは理の当然である。浅い地層にある地下水の場合は、雨や雪などが降れば比較的短期間で補給されるから、よほど需給バランスを崩さない限り、それほど問題ではない。だが、地下深くにある水は、何万年、何百万年という気の遠くなるような年月をかけて溜まったもので、大量にくみ上げれば枯渇することは明白だ。

以下ではもう少し詳しく、現在の日本の温泉の主流をなすポンプアップによる動力型温泉について説明しよう。一般に、地中の温度は一〇〇メートル深くなるごとに二―三度上昇する。だから、地下一〇〇〇メートルになると、地中の温度は二〇―三〇度上昇する計算である。そこで仮に、地表の温度が一五度であれば、地下一〇〇〇メートルでは足し合わせると三五―四五度にも達する。したがって掘り進んだ所に地下水があれば、ほぼ同温度の温泉が得られることになる。実際はこんな単純な話ではないにしても、質や量を問題にしなければ、現行の温泉法が規定するセ氏二五度以上の温泉を容易にくみ上げることができる。

こうしたことを可能にしたのは、地中二〇〇〇メートル近くまで掘削可能なボーリング技術の導入である。米国での石油掘削現場での深度が二〇〇〇メートルから三〇〇〇メートル以上になったため、そこで使われなくなった掘削機械が中古市場に格安で出回り、温泉掘削業者の手に渡ったことが背景にあるといわれる。それによって、温泉掘削が過去の〝宝探し〟の時代から百発百中の時代になった。こうした温泉掘削技術の発達によって温泉掘削会社の増加と掘削費用の大幅な低下が生じ、地方自治体・三セクによる日帰り入浴施設の建設ブームが生じたのである。

通常、深さ一〇〇〇メートルを超す掘削による温泉は「大深度温泉」と呼ばれている。日帰り入浴施設のほとんどは、こうした大深度温泉と考えて間違いない。日本最初の大深度温泉は、一九六〇年代前半に掘削された三重県の長島温泉である。深さ一五〇〇メートルから六〇度の高温水が大量に湧き出した。現在は、温泉施設はもちろん、遊園地、宿泊施設などで構成される一大レジャーランドを形成している。

こうした掘削技術の飛躍的な発達は大深度温泉の建設ラッシュをもたらし、そうした大深度温泉が、日本全国の〝温泉不毛の地〟や人口が集中する都市部にも続々とつくられたのである。そのことは、古くからの温泉街の衰退を招く一因ともなった。

温泉資源の供給増加の一方で、需要の側でも構造的ともいえる変化が生じた。観光旅行が、高度成長期特有の団体旅行から個人旅行にシフトするようになった。その結果、団体の一夜のどんちゃん騒ぎのために借金をして巨額の設備投資をした熱海や別府などの有名温泉地の大型ホテルほど大きな痛手を被り、倒産するところが相次いだ。宿泊客の大幅な減少と客単価の低下によって収益が急速に悪化したからである。団体旅行から個人旅行へのシフトは、温泉旅行中心であった観光・レジャーの多様化をもたらした。これも、温泉資源に対する需要の減少に拍車を掛ける一因として働いた。

温泉をめぐる悲劇

こうして掘削技術の飛躍的な発達による温泉施設の増加は、温泉の枯渇化を招くこととなった。それとほぼ相前後して、日本全国いたるところで温泉の不正表示問題や不正行為の発覚、温泉施設の爆発事故などが立て続けに生じたのである。以下では、日本の温泉の歴史に汚点を残したいくつかの事例を紹介したい。

① レジオネラ菌

最初に、レジオネラ菌による集団感染事故を取り上げよう。二〇〇〇年三月、静岡県掛川市にオープンした総合福祉センター内の入浴施設「つま恋温泉森林の森」がレジオネラ菌の感染源となり、二三名が発症し、うち二名が死亡した。また同年六月、茨城県石岡市の市総合福祉センター「ふれあいの里石岡ひまわりの湯」の露天風呂付き浴場でレジオネラ菌による感染死が起こった。この集団感染は、患者四五名、死者三名を出した。さらに同年七月、宮崎県日向市にオープンした第三セクターの温泉入浴施設「日向サンパークお舟出の湯」でもレジオネラ菌による集団感染事件が発生した。

二九五名が発症し、うち七名が死亡するという大惨事だった。本来なら快楽の場となるはずの入浴施設で集団感染し、死亡するという矛盾をどう説明したらいいのだろうか。そもそもレジオネラ菌とは何なのか。

レジオネラ菌はもともと自然界の土壌や淡水に生息していて、アメーバなどに寄生して増殖する。セ氏二〇度から五〇度程度の温度を好み、発育に最適な温度はセ氏三六度前後といわれる。感染場所として、先の静岡、茨城などの循環風呂のほかに、給水・給湯設備、冷却塔などが報告されている。ただ、人から人へ感染するおそれはない。一定の温度に保たれた温水中で大量に増殖しやすく、とくに注意しなければならないのは繰り返し湯を利用する循環風呂である。

空気感染や経口感染によって温水から発生したエアロゾル（噴霧質）を吸入すると、レジオネラ菌の感染が生じやすい。循環風呂ではとくに飛沫が口から入りやすい泡風呂や打たせ湯に注意を要する。一般に健常者は発症しにくく、ふつうは高齢者や入院患者、呼吸器系に障害のある人など、抵抗力の弱い人に発症しやすいとされる。

以上のような公共施設での集団感染事故の話は、にわかには信じがたいかもしれない。しかし、これが見ず知らずの他人が一日に数百人から、多いときには数千人も入浴する温泉浴場の実態であった。福祉と健康のための施設をうたいながら、実態はその反対であるという悲劇。なぜ、毎晩、浴槽の湯を落とさないのか不思議に思われる人も多いにちがいない。せっかく何億円もする濾《ろ》過・循環器、ボイラーなどを備えているにもかかわらず、毎日水を入れ換えていたら、循環器などの設備が意味をなさない。水道代ももったいない。そのために毎晩湯を落とすどころか、なるべく使用した湯を循環して何度も再利用するといったやり方がまかりとおってきた。

② 入浴剤で着色

レジオネラ菌事故が一段落した二〇〇四年七月、今度は長野県安曇村の白骨温泉で乳白色の湯に旅館業者が入浴剤で着色していることが発覚した。白骨温泉は五〇〇—六〇〇年の歴史がある名湯として知られている。その湯を乳白色に保つため、旅館組合が運営する「公共野天風呂」で数年前から入浴剤を混ぜていたことが露呈したのである。乳白色の白骨温泉の湯は石灰分で白く濁るのが特徴で、胃腸病などに効き目があるとのイメージがあった。だが、天候や湯の温度の変化で白濁しなかった場合には乳白色の入浴剤を混ぜるようになったという。この野天風呂は一九九四年に営業を開始し、九六、九七年ごろから湯が乳白色にならなくなったため、営業開始前に毎日、入浴剤約〇・八リットルを湯に混ぜていたそうだ。

白骨温泉は私がまだ若いころに、混浴を体験した温泉である（ただし、それは問題を起こした公共野天風呂ではない）。その思い出のある温泉が入浴剤で着色されるという事態は、私には大きなショックだった。入浴剤の事件を最初に知った時には、白骨温泉というわが国の代表的な「にごり湯」ですら着色されていたのか、日本の温泉のモラルはここまで落ちたのかという思いを禁じえなかった。

③ 水道水を温泉と偽る

白骨温泉事件の一年前、二〇〇三年に愛知県西尾市吉良町の吉良温泉で、湧出する源泉が枯渇したため、各旅館やホテルでは二〇年間にわたって水道水を温泉として使用していたことが発覚した。イメージダウンとそれによる観光客の減少を恐れた観光協会が、この事実を長い間隠し続けてきた。吉良町は、『忠臣蔵』で赤穂浪士に討たれる悪役として知られる吉良上野介の先祖伝来の地である。オーバーに言えば、温泉偽装問題の発覚は、町にとって『忠臣蔵』事件以来の大きな汚点を残すことになった。

日本の温泉法では、温泉を利用する場合には各都道府県知事の許可が必要であるものの、許可の前提となる調査対象は湯が湧き出す「源泉」だけとなっている。だから、実際に利用客が入浴する旅館やホテルの浴槽内の湯についての表示義務はない。このため、源泉に水を加えたり、加温したり、循環ろ過しているにもかかわらず、「源泉一〇〇％」とか、「天然温泉」などと偽って表示している例が多い。水道水を沸かして温泉と偽装した吉良温泉の場合は極端な例かもしれないが、氷山の一角と言っても決して過言ではない。その証拠には、二〇〇六年夏にも、北海道浦河町の第三セクターが運営する日帰り入浴施設で川の水を源泉に引き込んでいたことが発覚し、「温泉」の看板を下ろして営業形態を「銭湯」に変更したケースが生じている。また、白骨温泉事件の一か月後、群馬県の伊香保温泉の旅館で風呂に水道水を利用しているにもかかわらず、温泉と称していたことが発覚。さらに同じ群馬県の水上温泉の旅館でも同様の事実が見つかるなど、問題の奥深さを一般に認識させた。

レジオネラ菌による集団感染事件、入浴剤による温泉の着色、水道水を沸かす温泉偽装事件などは、経済学でいうモラルハザード（倫理の喪失）の典型的な事例である。これらの事例は、いずれも温泉事業者のモラルが失われてしまったことを示している。モラルハザードは一般的に、情報の非対称性が存在する場合に生じる。いまの場合について言えば、温泉事業者は提供する温泉の質についてよく知っているが、利用者は知らないという意味で、両者の間に情報の非対称性が存在するのである。

④ 天然ガス爆発事故

すでに述べたように、深さ一〇〇〇メートルを超す掘削による温泉は大深度温泉と呼ばれ、三セクが運営する場合が多い日帰り入浴施設のほとんどは大深度温泉といわれている。このタイプの温泉は、東京や大阪、名古屋など人口の多い都市部に圧倒的に多い。いうまでもなく、人口密集地の都市部では火山が近くにないため、自然に湧出する温泉はめったにない。それでも東京などの平野部は、地下水を多く含む堆積層が重なって、深く掘れば非火山性温泉が出る可能性が高い。現在の温泉掘削技術では、ほぼ確実に一〇〇〇メートル以上も深く掘って温泉を探し当てることが可能となっている。だが、深く掘れば掘るほど地下から天然ガスが噴き出す確率も高い。その天然ガスは可燃・引火性の高いメタン成分が都市ガス並みに多いという。

二〇〇七年六月、東京で天然ガスの爆発によって死傷者が出るという大惨事が起こった。

これは、東京都渋谷区の女性専用の温泉施設「渋谷松濤シエスパ」で営業中に生じたもので、従業員の女性三人が死亡、通行人を含む三人が負傷する事態となった。温泉施設は事故の前年一月にオープン。宿泊、飲食フロアやエステコーナーなどを備える地下一階、地上九階建ての本館と、B棟と呼ぶ地下一階、地上一階の別棟から成っている大型の施設である。運営会社によれば、地下一五〇〇メートルから温泉をくみ上げてB棟の地下一階の貯水槽にため、道路を挟んだ本館地下一階のボイラーに送水、温めて使っていたそうだ。施設の地下で発生した天然ガスに何らかの原因で引火したと指摘されている。

かねてより、東京湾付近には多数の天然ガスの埋蔵地があり、メタン成分の比率も高いとされていた。こうした天然ガスの埋蔵地の上に温泉施設が建てられ、そのガスに引火すれば、爆発事故が発生するのは十分に予想されたことであった。

温泉法の改正

以上述べたように、二〇〇〇年から二〇〇七年にかけて日本の温泉の歴史に汚点を残すさまざまな不祥事が頻発した。こうした温泉スキャンダルに対して行政当局はいつまでも手をこまねいているわけにはいかず、温泉法の改正に踏み切った。調べてみると、温泉についての法令や施行規則には、温泉法・温泉法施行規則（環境省）、鉱泉分析法指針（同）、公衆浴場法（厚生労働省）・公衆衛生法・（同）・食品衛生法（同）、建築基準法・建築基準令・建築基準法施行規則（国土交通省）、景品表示法（消費者庁）などがある。これらの法令や施行規則は、所管省庁がばらばらで、内容の一貫性・整合性が確保されていない。

温泉に関する憲法に相当するのは昭和二三（一九四八）年七月に制定された温泉法である。これが平成一九（二〇〇七）年一一月に実に五九年ぶりに改正され、翌年一〇月より実施された。

改正の主な内容は、温泉法第一四条第一項の規定による温泉の成分等の掲示項目に加え、温泉成分に影響を与える項目を追加して掲示することを定めたものである。具体的には、（1）温泉に水を加えて公共の浴用に供する場合は、その旨およびその理由、（2）温泉を加温して公共の浴用に供する場合は、その旨およびその理由、（3）温泉を循環させて公共の浴用に供する場合は、その旨（ろ過を実施している場合は、その旨を含む）およびその理由、（4）温泉に入浴剤を加え、または温泉を消毒して公共の浴用に供する場合は、当該入浴剤の名称または消毒の方法およびその理由、を掲示することになった。

要は、利用者に正確な情報を開示するのが狙いである。さらに温泉法の改正によって、二〇〇七年一〇月より、温泉成分の一〇年ごとの再分析を義務付けた。これまでも温泉成分の再分析については、環境省はおおむね一〇年ごとに見直すことを指導してきたが、法的にはひとたび温泉成分の分析を受ければ、その泉源が枯れるまで従来の成分分析書が有効だった。今後は、前回の温泉成分の分析終了年月日から一〇年以内に再分析が実施され、結果が知らされてから三〇日以内に温泉利用施設の見やすい場所に新しい温泉の成分等の掲示が必要となった。

第1章で詳述したように、従来の温泉法は、かねてより抜け道の多い〝ザル法〟だという指摘がなされてきた。この改正によってある程度抜け道が防がれたことは確かである。その証拠に、レジオネラ菌による感染死などの大きな不祥事故はその後発生していない。

ただ、いくら法律で縛ってもそれで事足れりというわけではない。規制を厳しくし、さまざまな規制の網を張りめぐらすと、温泉地の旅館・ホテルなどの創意工夫が抑制されたり、新規参入が抑制されるといったマイナスの効果も無視できないからである。

消費者主権

経済学の基本的な考え方として、消費者主権という概念が伝統的に重んじられてきた。これは簡単に言えば、競争的な市場経済においては、個々の消費者がみずからの自由な選択に従って商品を購入することが、有限な資源の望ましい配分を達成するという考え方である。

消費者主権の概念は、選挙の投票行動においてそれぞれの有権者が自由に投票権を行使することによって望ましい政治体制が実現するという民主主義の根幹にかかわる考え方と同じである。これは、個々の消費者の選択の意思表示が生産行動を決定するのであり、市場経済の活動を方向づける機能は企業などの生産者より消費者にあるという考え方に立っている。その意味で、市場経済においては商品の生産者よりも消費者こそが〝王様〟なのである。だが、温泉大国日本で温泉という商品の提供について、多くの消費者は〝裸の王様〟だったようである。長い間、生産者を信用し、その言うことを信じてきたのである。

消費者主権が実現するためにはいくつかの前提がある。そのなかで最も基本的で重要な前提は、商品に関する正確な情報が消費者に十分与えられていることである。温泉という商品の供給においても、温泉の質や量についての正確な情報が利用者に与えられなければ、どれが良質の温泉か、マガイモノの温泉かを判断できない。そうした温泉についての正確な情報の供与という点で、温泉法をはじめとする法令や施行規則などの整備は不可欠である。しかし、温泉の生産者（旅館・ホテルなど）の新規参入や創意工夫を引き出し、温泉地の将来のあり方を決定づけるのは、あくまでも温泉の消費者（利用者）なのである。

内湯訴訟問題 ―温泉は誰のものか―

城崎温泉は日本を代表する温泉の一つである。かつては同じ兵庫県内の有馬温泉をライバルとして日本一を争ったことがあった（第4章参照）。温泉街の中心を流れる大谿川沿いに外湯が連なり、柳が揺れて、下駄をカランコロンと鳴らしながら浴衣姿の温泉客が行き交う平和な光景は、温泉情緒そのものだ。知名度の高さにもかかわらず、歓楽色の少ない閑静な温泉である。

だが、ここに大正一四（一九二五）年五月二三日の正午前に大地震が発生した。円山川の河口沖で起こった海底地滑りによる地震によって、城崎町（現・豊岡市）を中心に死者四二三名、倒壊家屋七五〇棟以上という大被害をもたらした。入浴中で、倒壊や火災により亡くなった温泉客も少なくなかったという。地震により発生した火が風にあおられ、温泉街のほとんどを焼き尽くし、廃墟と化したのである。当時の城崎の人口三四一〇名のうち、二七二名が亡くなったといわれる。これが北丹大地震と呼ばれている。

北丹大地震に引き続き、もう一つ城崎温泉の歴史に特筆される激震が起こった。それは、震災によって観光客が途絶え、すっかりさびれてしまった城崎に浴客を呼び寄せるため、昭和二（一九二七）年に城崎温泉を代表する旅館の一つ「三木屋」が内湯を設けたことによって、内湯訴訟問題が起こったことである。この旅館は、志賀直哉の名作『城の崎にて』の舞台となった老舗旅館であるが、敷地内に新たな源泉を掘削し、城崎の旅館としては初めて内湯をつくったことが大問題となった。というのは、たとえ「三木屋」の敷地内から湧出した源泉であっても、その源泉自体は城崎温泉を管理する湯島財産区に属するものであって、それを私的に占有・利用することは許されないと主張して、湯島財産区管理者（当時の城崎町長）が控訴人（原告）となり、「三木屋」経営者が被控訴人（被告）となる裁判を起こしたのである。内湯訴訟裁判は、「温泉は果たして誰のものか」という従来真正面から考えられることのなかった問題を表面化させた。

この問題は、実に二三年間にもわたる長期紛争となったものの、いつまでも未解決のまま放置するのは町の発展のために望ましくないことから、昭和二五（一九五〇）年三月、大阪高等裁判所で双方の和解という形で決着した。これによって、温泉の利用権はすべて湯島財産区が保有することを認めるとともに、外湯と内湯を併置することを原則とするものの、内湯の利用についてはさまざまな厳しい規制を設けた。この和解が成立して以来、城崎温泉のほとんどの旅館に内湯が設けられるようになった。一〇〇〇ページ余りにものぼる『城崎町史』は、付編第1章として「城崎温泉の集中管理と内湯問題の解決」というタイトルを掲げ、一〇〇ページ以上にわたって内湯訴訟問題を詳述している。いかにこの問題が城崎温泉の発展にとって重要であったかをうかがい知ることができる。和解に基づいて、旅館の私有地から湧出した温泉であっても、その利用権は「公共の福祉」の観点からみて、湯島財産区という共同体に属すると位置づけられたのである。城崎の内湯訴訟裁判は、日本の長い温泉の歴史に残る画期的なものであった。

集中配湯管理システム ―温泉は公共財―

こうした訴訟問題を経て、現在の城崎温泉のすべての源泉は昭和四七（一九七二）年に作られた集中配湯管理施設に集められ、標準温度をセ氏五七度に安定させてから町内に張り巡らされた配湯管を通じて各外湯・旅館に送られている。すなわち現在では、城崎地区の各泉源から汲み上げられたすべての温泉は、「鴻の湯」の裏の高台に設置された貯湯槽へいったん集められ、この貯湯槽を出た温泉は配湯管によって各外湯や旅館に配分され、再び貯湯槽へ戻ってくる方式をとっている。

城崎温泉のこうした仕組みを知ってしまうと、源泉「掛け流し」を期待する温泉ファンには大きな失望を与えかねない。だが、「この城崎方式による集中管理は、私有泉源の所有権を残して湯島地区より湧出するすべての温泉の利用権が、特別地方公共団体である湯島財産区に帰す、といった全国的にもまれであり、法律的に考えても特殊な事例として高く評価されている」（『城崎町史』）のである。

内湯訴訟の和解は、私有財産制の原則を覆すものであり、その意味で、内湯裁判の解決は確かに「法律的に考えても特殊な事例」であった。温泉の利用権を財産区の共有財産と認めて和解に応じた「三木屋」の英断は、〝共存共栄〟の精神こそが大切であることを認識させてくれる。

『城崎町史』は、この集中管理方式の採用は、（1）乱掘防止による源泉の保護、（2）温泉地に起こりやすい各種紛争の防止、（3）温泉のもつ公共性の強調、といった観点からみて止むを得ない選択であったと指摘している。こうした評価は、日本有数の温泉を擁する地方公共団体の自画自賛とは必ずしも言えないようである。戦後の高度成長を経て激増した温泉への需要に応え、温泉資源の枯渇を食い止めるためには、城崎方式は避けられない苦渋の選択の一つであったのではなかろうか。解決するのに二三年間も要した内湯訴訟問題の大きな意義は、「温泉とは誰のものか」という根本的な問題に焦点を当て、温泉はすべての利害関係者にとっての共有財産であり、一種の公共財であるということを認識させた点にあるように思われる。

悪貨が良貨を駆逐する—グレシャムの法則—

私はこれまでゼミナールの学生諸君と温泉旅行をし、宿の風呂や共同浴場に一緒に入った経験が何度かある。その際にびっくりしたことが一度ならずある。温泉にシャワーが付いていないので入りたくないとか、湯船に白い浮遊物が漂っている、あるいは藁屑が浮いているので汚らしいとかいった不満がよく出たものだ。彼らは自分の家の風呂と温泉とを同じような目でみているフシがある。源泉を引いた湯治宿の湯船に白い浮遊物、すなわち湯の華が漂っていたり、藁屑が浮いていたりすると、湯船の掃除をしていないと錯覚するのだろう。

実際、湯の華や藁屑が浴槽に浮遊しているのを見て、この温泉は掃除していないとの苦情が出るといった話はよく耳にする。有馬温泉「金泉」のような鉄分を多量に含む赤錆色の温泉や、湯の華が生じやすい硫化水素泉、あるいは硫黄臭のする硫黄泉などのにごり湯も、手拭を汚すといって若い人たちに不人気な場合が多い。彼らは、髪の毛一本残さずに濾《ろ》過した透明な温泉こそが、殺菌のために大量に塩素を投入している、あるいは水道水を沸かした可能性が高いことを知らない。硫化水素泉や硫黄泉のように湯の華を出しやすい温泉こそ殺菌作用に優れ、またレジオネラ菌の心配をすることもない。

本来、こうした温泉こそが効果の高い温泉であるにもかかわらず、そんな温泉が嫌われてしまう。経済学では、「悪貨は良貨を駆逐する」というのは、グレシャムの法則として知られている。温泉の世界でも、この法則、つまり悪い温泉が良い温泉を駆逐する時代が来ないとも限らない。

ふるさと創生事業

私が長年住んでいた宝塚は歌劇の街として有名である。宝塚は温泉の街としても以前は有名だった。その開湯は鎌倉時代にさかのぼり、当時は「小林の湯」として賑わっていた。田山花袋の『温泉めぐり』にも、「宝塚は温泉場という気分よりは、むしろ雑踏した賑やかな狭斜街《きょうしゃまち》と言ったほうが好いくらいであった。そこできこえている大きな浴槽、なるほどあの設備はとても関東ではその真似ができなかった。また湯の量の多い関東では、あんなことまでして客を呼ぶ必要がないと言って好かった」と述べられている。文中の浴槽というのは、かつて遊園地の宝塚ファミリーランド内にあった入浴施設「宝塚大浴場」を指している。宝塚ファミリーランド内には、歌劇で有名な「宝塚大劇場」と「宝塚大浴場」などがあったが、以前何度も足を運んだ入浴施設のほうは撤去されて現在は存在しない。

宝塚ファミリーランドの周辺には、かつては武庫川河畔に数多くの旅館・ホテルが並び温泉街を形成していたが、旅館やホテルもマンションなどにとって代わり、今は昔日の面影はほとんど残っていない。現在、温泉として営業しているのは老舗旅館一軒と「ナチュラルスパ宝塚」のみである。

後者は、宝塚市が湯の街再生を目指して第三セクターとして二〇〇二年一月に開業した。しかし利用者の減少から経営が悪化、多額の累積赤字を残してわずか一年半で営業休止。運営主体の第三セクターも自己破産した。この施設は、一時閉館したのちに二〇〇四年九月に民間運営によって「ナチュラルスパ宝塚」として再出発し、現在に至っている。

これは、前年九月にスタートした公共施設の管理を民間に開放する指定管理者制度に基づいて再生の道を選んだもので、温泉施設に指定管理者制度を導入した事例として注目された。某有名建築家の設計によるものである。コンクリートの塊からできているような建物で、古くからの温泉地にふさわしいような情緒がまったく感じられない。宝塚に住んでいたころに数回入浴したことがあるが、泉質についてはとくに触れることもない。こうした三セク形式による公共温泉は、宝塚に限らず、全国に多数存在している。

三セク形式による公共温泉が激増したきっかけとなったのは、すでに触れた「ふるさと創生事業」である。これは、一九八八年から翌年にかけて時の竹下昇首相のもと、地域の振興を図る目的で地方交付税から交付団体の市町村一律に一億円を交付するという事業だった。この資金で全国の市町村が最も多く取り組んだのが温泉の掘削である。ある市町村では、一億円を保証金として金塊をレンタルし庁舎の入口に飾るとか、別の市町村では、一億円全額を投じて宝くじを購入するといったばかげた事例もあったと聞いている。また、温泉を引こうとボーリング調査を行ったものの、温泉は出ずに一億円をどぶに捨てるような事例もあったようである。そんなことから、「ふるさと創生事業」はしばしば無駄遣いの象徴といわれたものだ。

しかし温泉の掘削に成功し、三セク形式の公共温泉を開業した市町村が最も多かった。そのことが公共温泉急増の原因となった。

ソフトな予算制約

こうして、ふるさと創生事業によって税金が湯水のように投入され、大深度掘削によって質の悪い温泉が粗製乱造されてきた。しかもこうした温泉施設は、建物や設備などで近くの市町村の温泉施設と競合するから、後に作られた施設のほうが規模も大きく設備も豪華になってしまう。これらの公共温泉は、宝塚の例を引くまでもなく、開業当初は珍しさも手伝って黒字経営であっても、すぐに赤字に転落する場合が多いようだ。

公共の温泉施設に共通するのは、経済学でいう「ソフトな予算制約」と呼ばれる公的部門特有の非効率性の問題である。「ソフトな予算制約」とは、公団・事業団などの特殊法人や独立行政法人、あるいは地方自治体と民間の共同出資による第三セクターなどにしばしばみられるように、政府や地方自治体による公的支援を期待して、予算に縛られずに野放図な支出を行ったり、事業の採算を無視して非効率な投資を行うといった現象を指している。こうした現象は、経営主体に十分な権限が与えられず、経営責任の所在が不明確であることや、事業が採算割れになったり、赤字が累積するような事態になったとしても、最終的には何らかの公的支援が得られるだろうという当事者の甘え、一種のモラルハザードに起因している。とくに三セクの場合、市町村の議会や市民団体の監視が弱く、経営責任の所在が不明確なこともあって、事なかれ主義、問題先送り主義がはびこりやすい。そのことが三セクの経営悪化を隠蔽し、事態をいっそう悪化させ、結果として巨額の資金投入に追い込まれるケースが目立つ。経営が悪化している三セクの早期処理を図る一方、三セクに対する監視や情報公開を強化し、地方自治体が負う責任の範囲を明確にする必要がある。全国的な公共温泉の急増は、遅まきながらこうした「ソフトな予算制約」の問題への処方箋を明らかにした。

総合の誤謬

有名温泉地に行くと、大きな旅館やホテルが立ち並び、その旅館・ホテルの中には土産物の販売コーナーはもちろん、カラオケバーもクラブもレストランも何でも揃っているといったところが多い。有馬温泉もその例外ではない。これはいうまでもなく、宿泊客を旅館・ホテルの中に囲い込んでしまい、なるべく外に出さないようにして少しでも利益を増やしたいという魂胆による。こうしたエンクロージャー（囲い込み）に旅館・ホテルが熱心になり過ぎると、温泉街がすっかり寂れてしまい、みずからの首を絞めてしまうといったことになってしまう。

温泉街といえば、浴衣を着て下駄の音を鳴らしながらそぞろ歩き、土産物屋をひやかしたり、飲食店に入ったり、昔ながらの射的やパチンコを楽しんだりといったイメージを思い浮かべるのがふつうだ。俵山温泉、城崎温泉、野沢温泉、有福《ありふく》温泉、肘折《ひじおれ》温泉など湯治型の温泉は、今でもたいていこんなイメージに合っている。

大ホテルが建ち並ぶ有馬温泉

だが、高度成長期のように団体旅行が盛んであったころは、巨大な旅館やホテルに泊まって宴会をしたあとも外には一歩も出ずに、旅館・ホテル内のバーやクラブなどで大騒ぎをすることが常態化していた。その結果、旅行から帰ったあとで、確かに有名な温泉地には行ったが、「さて、どんなところだったのだろう」ということになりかねない。どんなに有名な温泉地でも、夜七―八時を回ると人っ子ひとり通らなくなってしまう場合が少なくない。

有馬温泉の目抜き通り「湯本坂」ですら、午後七時を過ぎると土産物店などがほとんど閉まり、人通りが途絶えてしまう。これではやはり、温泉地に来た楽しみが半減する。

論理学や経済学では、総合の誤謬という概念がよく用いられる。「部分において妥当であることは、部分を合計した全体にとって妥当であるとは限らない」という考え方である。合成の誤謬ともいう。たとえば、祭りのパレードを見学するのに、前で見ている人々が一斉に立ちあがってパレードを見ようとすると、その人たちにはよく見えるけれども、後ろで見学している大勢の人々には見えなくなって迷惑するとか、個々の家計が消費を減らして節約すると、個人の貯蓄は増加するものの、みんながそう行動すると、消費の減少に伴って所得も減少し、結果として社会全体の貯蓄も減少するといった現象がその良い例である。後者は、節約のパラドックスといわれる。

大型旅館・ホテルがすべての機能を抱え込む温泉地とは対照的に、旅館やホテル、共同浴場、土産物店、食堂・レストランなどが協力し合い、湯の街全体を一つの共同体と考えて宿泊客をもてなす必要がある。温泉客を旅館・ホテルの外に出すための魅力ある街づくりに努めなければ、短期的にはともかく、長期的な観点からすると繁栄を維持することは困難となる。温泉地は町全体が繁栄してこそ個々の繁栄があることを銘記すべきであろう。最近よく使われる言葉を用いれば、「個別最適」は必ずしも「全体最適」につながらないのである。

全体最適が個別最適に

これとは正反対に、全体最適が個別最適につながっている、すなわち温泉街が栄え、その結果として個別の宿が栄えている格好の例は野沢温泉である。かつて私は自分のゼミナールの学生を連れて二度野沢温泉に行ったことがある。目的は二つあって、スキーをするのと道祖神祭りを見学することだった。生まれて初めてスキーをして、下手ながらもゲレンデを滑り下りるようになったのはうれしい思い出だ。「パノラマ・ゲレンデ」から見る上信越の山々の息を呑むような美しさも忘れられない。

道祖神祭りは毎年一月一五日に行われる。この祭りは諏訪大社の御柱《おんばしら》祭のように、山からブナの巨木を選んで伐採し、祭り当日の一五日までに道祖神を祀った会場に大きな社殿が組み立てられる。そして午後七時頃に火打石で採火した火を松明《たいまつ》に点して運び、火祭りが始まるのである。社殿に点火しようとする側と、そうはさせないと守る側の攻防は、観客がハラハラするほど勇壮だ。社殿に火がついて燃え上がる午後一〇時ごろに祭りは終わりを告げる。その間、会場では一般の観光客にも一升瓶でお酒が振る舞われ、火祭りでほてった身体にはすぐ酔いが回ってしまう。もうずいぶん以前のことではあるが、やはり忘れられない思い出として残っている。

アフタースキーの楽しみは外湯めぐりである。町の中心にあるシンボル的な共同浴場「大湯」をはじめ、一三の共同浴場はいずれも無料である。これだけの数の外湯がすべて無料であるというのは日本全国、ほかにはないはずだ。

さらに野沢温泉には街の中を散策する楽しみもある。手拭いを下げて土産物屋を闊歩する湯治客や、真っ白に立ち上る湯気の中で地元の主婦が野沢菜を洗ったりする早朝の麻釜《おがま》の風景なども街の魅力を引き立てている。人口四〇〇〇人弱の小さな温泉町で、実に三〇〇軒ほどの旅館や民宿が軒を連ねている。湯宿や外湯や土産物屋は街の中にすっかり溶け込み、一体化している。総合の誤謬とは縁遠い世界がそこにはある。日本の温泉の原点を教えてくれる。

以上、経済学の知見を織り込んで、温泉サービスの生産者（宿泊施設）は温泉の泉質をよく知っているが、消費者は知らないという意味での情報の非対称性がモラルハザードを誘発し、一連の温泉騒動を巻き起こしたこと、また総合の誤謬やソフトな予算制約の問題なども、高度成長期以来の温泉大国・日本が直面した現状と課題を考える上でのキー・コンセプトであることなどを説明した。これらの概念は、今後の日本の温泉のあり方や温泉行政を検討する際にも依然として重要であると思われる。

第7章

入浴の社会学

シャワーの文化と風呂の文化

長い間、日本の各地の温泉を訪ねたり、海外を旅行したりすると、入浴一つとってみても地域によって大きな違いがあるように思われる。とくに日本と海外の違いは大きい。それを一口で言うと、「風呂の文化」と「シャワーの文化」の違いといえるのではなかろうか。

入浴をめぐる彼我の文化の差に始めて気付いたのは、イギリスに留学した時のことである。当時われわれ家族が住んだのは、ロンドン南部のベッケンナム（Beckenham）という閑静なところだった。ヴィクトリア駅からテムズを越えて電車で二〇分ほど行ったところにあるこぢんまりした町である。住所はケント州だが、グレイター・ロンドンに属するので、ロンドンと言ってもかまわない。われわれが住んだ家から町の中心部までは歩いて五、六分で、そこには図書館とプールが並んで立っていた。私はこのプールによく通ったものだ。

ある日、プールがある建物の壁に、Public Bath と書かれているのに気が付いた。ロンドンにも公衆浴場があるのかと正直驚いたものだった。あとで私が借りている家の大家さんに聞いたところ、戦前はイギリスの家庭にはほとんど浴槽はなく、誰もが利用できる一般のプールが文字どおり、公衆浴場の役割を果たしていたのだそうだ。Public Bath はその名残りだという。

借りた家は、高級住宅街の３ＬＤＫの一戸建てで、われわれには不相応なほど立派な家だった。緑に囲まれていて庭でリスが遊び回っていたり、時にはキツネも顔を出した。この家にはシャワーが付いているし、底の浅いバスタブも併設されていた。毎日のようにバスタブに浸かりながら、首まで浸かる日本の風呂が懐かしくて、帰国したら真っ先に日本の温泉に行きたいと思ったものだ。現在でもイギリスの平均的な家庭では、シャワーとバスタブが併設されているのは珍しい。その後、何度もロンドンに出かけているが、短期の滞在で借りたフラットなどは、シャワーだけというところがほとんどだった。

これは何もイギリスに限った話ではない。一般に、外国の人が入浴したりシャワーを浴びたりするのは、清潔にするという実利一辺倒で、日本人のように風呂を楽しむという感覚はない。彼らは日本人ほど毎日のように入浴しないし、浴槽も浅くて首までどっぷり浸かるようにはなっていない。汗をかいてもシャワーで済ませる場合がほとんどだ。彼らにとっては身体を洗うことが第一義の目的で、あくまでも身体の表面に付いた汗や脂分を石鹸で落とし、シャワーで洗い流すだけでその目的は果たされる。湯を溜めたバスタブで身体を洗う場合でも同じ。基本的に湯を他人と共有することはしない。

象徴的なのは、ホテルと同様、シャワーやバスタブとトイレが同じスペースに設置されていることに何の疑問も感じない。むしろ、そのほうが便利であると考えているフシがある。排泄物を流すことと、身体を清めることは同じで、入浴も排泄の延長線上にあるととらえているのだろう。欧米ではシャワーにせよバスタブにせよ、あくまでもプライベートな空間であり、他人に見せる場ではない。

これに対し日本の風呂は、単なる身体を清潔にする場にとどまらず、湯を楽しむ場となっている。

彼我の文化の差は大きい。それは、「シャワーの文化」と「風呂の文化」の違いといえるかもしれない。

日本人はお風呂ホリック

日本では、古くから発達した銭湯がそうであるように、大勢で一緒に入ってコミュニケーションを楽しむ場となっている場合が多い。銭湯は、ただ身体を洗い流す場としてだけではなく、江戸の時代には庶民の社交場として、また入浴自体が主体となった近代から現代においても、裸のコミュニケーションが楽しめる場所として親しまれてきた。これはシャワーやバスタブをプライベートな空間と考える欧米の文化とはまったく異なる、日本独自の伝統文化といえよう。

文化人類学者のルース・ベネディクトは、有名な『菊と刀』（長谷川松治訳、講談社学術文庫、二〇〇五年）の中で、「日本人のささやかな肉体的快楽のひとつは温浴である。かれらが毎日入浴するのは、清潔のためでもあるが、そのほかに、他の国々の入浴の習慣には類例をみいだすことの困難な、一種の受動的な耽溺の芸術としての価値をおいている」と述べている。ここでの「受動的な耽溺の芸術」という表現はむずかしいが、他愛のない裸のコミュニケーションに心を奪われる楽しみとでも解釈しようか。

同じことは、日本各地の温泉街の中心に位置する共同湯（外湯）についてもいえる。共同湯は温泉街のシンボルであり、銭湯と同様、いわば裸の社交場である。それは、コミュニケーション空間としての役割を担っている。銭湯や共同湯での仲間とのたわいない会話は、一日の仕事の疲れをいやしてくれる。そのコミュニケーション空間はリラックスの場ともなっている。この点、シャワーやバスタブは、気分までもゆったりさせる「入浴」というよりは、洗い流すことだけが目的の、身体の「洗濯」なのである。

アルヴ・リトル・クルーティエというアメリカ人作家が書いた『水と温泉の文化史』（武者圭子訳、三省堂、一九九六年）は、世界各国の水と温泉にまつわる歴史や文化について考察した好著である。彼女は、日本の公衆浴場と温泉についても大きな関心を寄せていて、この本の中で、「今日でも、日本人は世界でも有数の入浴好き、『お風呂ホリック』の民族だと考えられている」と述べている。日本人はワーカホリック（仕事中毒）のみならず、「お風呂ホリック」なのだという。一面の真理を突いているように思われる。少なくとも「お風呂ホリック」という点では、私はそうである。

カルチャー・ギャップ

入浴についての日本と海外の考え方の違いを、「風呂の文化」と「シャワーの文化」の違いと要約したが、こうした文化の違いは、海外で生活した経験がある人ならいくらでも指摘することができる。

先に述べたように、イギリスではバスタブから出ると石鹸の泡が付着したままバスタオルで身体を拭くのがふつうである。石鹸の泡が付いた身体を掛け湯して洗い流すという習慣はない。それだけではない。食後に皿やコップを水でゆすぐという習慣もない。洗剤を使って食器は洗うものの、食べかすなどが浮いている水の中から食器を引き上げて布巾で拭くだけである。だから、中性洗剤の臭いがする皿で野菜やロースト・ビーフを食べるのを何とも思わない。こんなことは日本人には非常識ではあるが、イギリス人には常識である。彼らは、雨が降ってきてもよほど強くならなければ傘をさそうとはしない。衣類などを洗濯して庭に干している最中に雨が降ってきても、それだけきれいになると思っているのか、多くの人は洗濯物を取り入れようとはしない。何度も同じハンカチでブーッと音を立てて人前で洟をかむことも平気である。

こうしたイギリスの人たちのちょっとした日常的な習慣や行動を観察していると、彼我のカルチャー・ギャップの大きさに気付くことが多い。どちらが良いとか、悪いとかという話ではない。ますますグローバル化が進むなかで、私たちはもっと文化の多様性に着目し、それを尊重しなければならない時代になっている。

アメリカ人が見た混浴風景

ここで、幕末に日本に来た外国人の目に映った銭湯の風景はどうだったか、紹介しよう。

まず、嘉永五（一八五二）年、嘉永六年、安政元（一八五四）年の三度にわたって米国特使として来航したペリーを取り上げたい。彼は帰国後、有名な『日本遠征記』（土屋喬雄・玉城肇共訳、岩波文庫全四冊、一九四八―一九五五年）を書いている。

その中で下田の町の様子について次のようにいう。「民衆は皆日本人独特の鄭重さと、控え目ではあるが快活な態度とをもっている。裸体をも頓着せずに男女混浴をしているある公衆浴場の光景は、住民の道徳に関して、大いに好意ある見解を抱き得るような印象をアメリカ人に与えたとは思われなかった。これは日本中到る所に見る習慣ではないかも知れない。そして実際われわれの親しくした日本人もそうではないと語った。しかし日本の下層民は、たいていの東洋諸国民よりも道義が優れているにもかかわらず、疑いもなく淫蕩な人民なのである。入浴の光景を別とするも、通俗文学の中には淫猥な挿し絵とともに、ある階級の民衆の趣味慣習が淫猥なことを明らかにするに足るものがあった。その淫蕩性は嫌になるほど露骨であるばかりでなく、不名誉にも汚れた堕落を表すものであった」。ペリーは、道義に優れていると思っていた日本人の混浴の習慣に大きなショックを受けた。彼の目には、男女混浴というのは淫猥以外の何ものでもなかったようだ。

ペリーのすぐ直後、安政三（一八五六）年に来日し、初代駐日公使として日米修好条約を結んだタウンゼント・ハリスも下田の入浴風景に仰天する。彼は『ハリス日本滞在記』（坂田精一訳、岩波文庫、一九五三年）で、こう述べている。「日本人は清潔な国民である。誰でも毎日沐浴する。職人、日雇いの労働者、あらゆる男女、老若は自分の労働を終わってから、毎日入浴する」と感心する。ただし下田の銭湯の混浴について、「労働者階級は全部、男女、老若とも同じ浴室にはいり、全裸になって体を洗う。私は何事にも間違いのない国民が、どうしてこのように品の悪いことをするのか、判断に苦しんでいる」と戸惑う。そして、女性の貞操は危うくならないのかと余計な心配をしたのち、「(混浴の)露出こそ、神秘と困難とによって募る欲情の力を弱めるものである、と彼らは主張している」と書いている。

ペリーとはニュアンスが異なり、男女の全裸での混浴は、かえって欲情を抑えるものだと納得しているのである。

イギリス人が見た混浴風景

イギリスの初代駐日公使ラザフォード・オールコックは、安政六(一八五九)年に来日して以来、文久二(一八六二)年に帰国するまでの日本滞在三年間の記録を残している。それが『大君の都』(山口光朔訳、岩波文庫、一九六二年)である。ここで「大君」(Tycoon)とは徳川将軍のことで、幕末に用いられた称号である。この本の中で、オールコックは次のように述べている。「一般的な衛生状態にかんしては、日本はたしかにたいへん恵まれているようだ。それが病気や長寿の程度にたいしてどれほど影響をおよぼしているかはわからぬが、皮膚病にかからぬなどということはありえない。それどころか、労働階級のあいだでは、各種の皮膚の吹き出物はありふれている――これは、おそらくかれが群衆のなかでいっしょにからだを洗う習慣によるものと考えることができるであろう」。

この文章から分かるように、やはり彼には浴場は清潔にする場所という観念がある。

イギリス・スコットランド出身の植物学者ロバート・フォーチュンは万延元（一八六〇）年に来日、『幕末日本探訪記』（三宅馨訳、講談社学術文庫、一九九七年）を書いている。「日本人の国民性の著しい特徴は、庶民でも生来の花好きであることだ。花を愛する国民性が、人間の文化的レベルの高さを証明するものであるとすれば、日本の庶民は我が国の庶民と比べると、ずっと勝っているとみえる」という植物学者らしい言葉を残している。

その一方で、「通りすがりのある村で、家族風呂らしい情景を目撃した。その時は老いも若きも、親、子、孫、曾孫など、数世代にわたる丸裸の男女が、一緒に混浴していた。これは外国人には奇抜な観物《みもの》だった」と述べ、そのうえで次のように言っている。「西洋の厳格な道徳家達は、男女混浴の方法は、徳義の理念に反するものとして、非難するに違いない。一方では、この混浴の習慣は、人類の堕落以前のエデンの園に生存した人間と同様に、無邪気で天真爛漫な表現にすぎないと言う者もいる。私はこのような入浴の方法は、日本の習慣だと言うことができる。さらにこの問題を強調するとすれば、日本人は恐らく、われわれ西洋人のさまざまな習慣――たとえば、服装やダンスの様式のように、人の心をひきつけて、不徳義にみちびく方法は、入浴よりも有益でも健康的でもないと言うだろう。いずれにしても、この場合には日本の入浴を、単なる素朴な習慣に帰することはできない。と同様に、世界の人びとの行為が、日本人よりも放縦であるとも思わない」。

こうして日本人に対し非常に好意的な見方をする。同じイギリス人でも、日本人に対する見方はオールコックとかなり異なっている。人それぞれにいろいろな見方があるものだ。

モースの日本人観

次に、エドワード・モースが見た日本人の入浴風景について取り上げよう。モースはアメリカの動物学者で、標本採集のために来日し、大森貝塚を発掘したことで知られている。明治一〇（一八七七）年に最初に来日し、その後二度来日して『日本人の住まい』（斎藤正二・藤本周一訳、八坂書房、一九七九年）という本を残している。

彼はその中で次のように述べている。「日本人の生活を特徴づけるもののなかで、躊躇することなく、その筆頭に挙げうるものは、大勢で入浴するという慣習をおいてほかにないということである。しかしこのように述べたからといって、わたくしは、ただちに日本の様式を模してこの種の浴場の建設を促進したり、日本の流儀にのっとって入浴することにしてはどうだなどと言うのではない。日本人は、他の東洋人同様に、幾世紀にわたって裸体を見馴れているのであり、しかも相互に気にするわけでなく、とにかくみだらな感じを起こすことがないのである。反対にアメリカの場合は、そのような場面の与える影響が日本の場合とは異なっていた。その不幸な結果が、アメリカにおける古典劇をほとんど廃絶させるまでになり、結局は舞踊劇や道化芝居——実際には衣装らしいものをほとんどまとわない女体を卑俗な衆目にさらす程度のものに取って代わられてしまった」という。

また、「日本の下層階級では、男女混浴であるが、そのさいの貞淑さと礼儀正しさは、外国人には、実際に見ない限り信じられないことであろう。裸体であっても身体をみだらにさらすことはまったくないのである。入浴中かれらは身体を洗うことに熱中している。もっとも喋ったり笑ったりはお互いに気安くしているように思われる」とも述べている。さらに、「清潔が信心深い生活と隣合わせのものであるなら、まさに、日本人こそは信心深い種族である。……日本人は浴槽内で身体を洗わず、しばらく浸かり、やがて洗い台の上で、別に手桶に汲んだ湯と手拭いとで身体を洗い、そして拭うという事実がつけ加えられるならば、このような入浴行為に対する不潔感はもはや不潔感とは言いがたいものとなる」と付け加える。東京帝国大学教授として進化論や動物学を講じたモースの見方は、幕末に来日して日本人の混浴風景に驚いた外国人に比べると、間違いなく最も客観的で好意的な日本人観と言えるようだ。

江戸の入込湯

幕末に日本に来た外国人の著書を読むと、彼らが日本人の入浴風景について並々ならぬ関心を寄せていたことは確かである。実際にそれを覗き見しているようなところがある。

花咲一雄の『江戸入浴百史』（三樹書房、一九七八年）によれば、江戸の銭湯は、男湯だけのもの、女湯だけのもの、湯屋一軒を男湯・女湯に仕切ったもの、時間を決めて男湯・女湯・入込湯の他に入込湯だけの銭湯があった。入込湯《いりこみゆ》というのは、男女混浴の銭湯のことで、幕末に日本に来た外国人が驚いたのもこの入込湯である。江戸市中の銭湯の中で最も繁盛していた。しかし混浴銭湯は、松平定信が天明七（一七八七）年から寛政五（一七九三）年にかけて実施した寛政の改革のもと、「男女入込湯停止《ちょうじ》」の措置が取られた。ただ、江戸時代の法令とくに風俗に関係する法令は俗に「三日法度《みっかはっと》」（三日ぐらいしか守られぬ法の意）といわれるほどで、ほとんど守られなかったようだ。花咲は次のような狂句を紹介し、寛政改革後に「男女入込湯停止」が守られなかった証拠の一端を示している。

大丈夫入込の湯で仕た見合
おでんとどぶ六入込みの湯に這入《はいり》
入込はいいが悴《せがれ》は不得心

このうち、三番目の狂句については説明を要するかもしれないが、賢明な読者の推察にゆだねることにしたい。

入込湯といえば、松尾芭蕉の連句の中にも詠われている。こんな句である。

入込に諏訪の湧湯《いでゆ》の夕間暮　曲水
中にもせいの高き山伏　芭蕉

曲水（菅沼曲水）というのは、芭蕉の数多い弟子の中の重鎮で、近江国膳所藩の重臣。石山の幻住庵を提供して芭蕉はここで奥の細道の疲れを癒し、有名な『幻住庵記』を書いている。この連句は、諏訪の湯で女性とではなく山伏と混浴したという驚きを詠っている。ＪＲ上諏訪駅にほど近い正願寺には、奥の細道に同行した河合曽良の墓があり、私も一度訪れたことがある。芭蕉は温泉が好きだったようだ。奥の細道には次のような二句が載っている。

語られぬ湯殿にぬらす涙かな
山中や菊はたをらぬ湯の匂

古代ローマ人の入浴

元国立民族博物館教授の吉田集而は、『風呂とエクスタシー——入浴の文化人類学』（平凡社、一九九五年）において、北米インディアンや中南米を含むアメリカ大陸の風呂、シベリア、北欧、古代ギリシャ・ローマなどのユーラシア西部の風呂、インド、中国、朝鮮半島、日本やオセアニア、アフリカなどのアジア・アフリカの風呂など世界中の風呂をさまざまな角度から紹介している。世界の入浴の歴史や文化について、これほど該博な知識を提供してくれる貴重な本は他にはないように思われる。

この本の中で、古代のローマ風呂のことが詳述されている。古代ローマンの浴場は古代ギリシャの影響を受けて発達し、紀元三世紀には有名なカラカラ大浴場が出現する。この大浴場は一二万平方メートルの広さを持ち、一度に一六〇〇人が入浴できたといわれている。カラカラ浴場では風呂に入ってくつろぐだけでなく、ボクシングやボール・ゲーム、レスリング、重量挙げなどのスポーツもでき、劇場や図書館も配置され、さらに周りに多くの飲食店が建てられて飲み食いができるようになっていた。それほど、この浴場は一大レジャーセンターを形成していた。

カラカラ浴場に象徴されるように、ローマ人の風呂好きは有名で、古代ローマ帝国の領土の拡大とともに、その影響は北西ヨーロッパから、北アフリカ、中近東まで及ぶようになった。しかし、ローマ帝国の崩壊によってローマ風呂も崩壊する。「巨大化したローマの風呂は恐竜のようなものである。その巨大さのために、環境の変化についていけず、滅びてゆくしかなかった」（同書）のである。

ローマ人がことのほか入浴好きなのは、ベスビアス山の大噴火によって埋没した古代都市ポンペイの遺跡からもうかがわれる。木村凌二『多神教と一神教』（岩波新書、二〇〇五年）によれば、「郊外浴場」と呼ばれる混浴の浴場には、いくつかの男女の体位が描かれている。そればかりか、「読書中の男にフェラチオをしている女の画が描かれ」、「股を開いた女の局部をなめる男の姿がある」。「なにより仰天するのは、卑猥きわまりない春画が老若男女にかかわらず誰もがしげしげと足を運ぶ場所に描かれている」という。

これほどのすごい春画は、日本はもちろん、世界どこを探しても見つからないはずである。江戸時代の日本の春画は有名であるが、ポンペイの遺跡に描かれた画の足元にも及ばない。

バースのローマ浴場跡

古代ローマ人の入浴といえば、イギリスのバースにも言及しておかねばならない。バースのローマ浴場跡は、現在でも毎日約一二五万リットルの湯が湧き出ている。ローマ浴場の歴史は紀元七五年、ローマ軍がこの地に侵入した時に温泉を発見し、アクア・スリス湯治場をつくったことに始まる。スリスとは先住民ケルト人が信仰していた女神のことである。ローマ人は自分たちの治癒の女神ミネルバとスリスを同一視し、女神に捧げるローマ式神殿を浴場とともに建設した。ローマ軍の撤退とともに荒廃した浴場が再び脚光を浴びたのは一八世紀。治癒のために温泉を飲むことが流行し、ポンプ・ルームがつくられると、貴族など上流階級の人々がこぞって訪れた。現在見られるのはローマ時代の浴場を復元したものである。中央にグレート・バスと呼ばれる大きな浴場がある。またポンプ・ルームは生演奏の行われるレストランになっており、そこで鉱泉を飲むこともできる。

こうしたローマ式の浴場は一時的には流行したものの、主としてキリスト教の普及とともに急速に廃れていく。そして、一八―一九世紀に再導入されるまでは、浴場はヨーロッパ各地からほとんど消えてしまうのである。

キリスト教の混浴禁止

キリスト教というのは、性に関してきわめて禁欲的な宗教である。とくに三―五世紀にかけての初期キリスト教は、いかにも行き過ぎであったように思われる。人というのは、できれば結婚しないほうがよいと考えられた。キリスト教の独身主義運動である。このような宗教では、裸を見たり見せたりすることは厳禁事項であり、自分の裸を見ることすら憚られる。

吉田集而は前掲書において、「入浴は、キリスト教徒にとってはタブーに近いものであった。ましてや男女混浴など問題外である。これは強い禁欲主義をモットーとするキリスト教にとっては、許しがたい行為であった」と述べている。キリスト教の根底には、性を含めた肉体的快楽に対する拒否の念があるとして、「心地よい快楽の風呂の方向には向かわず、単に清潔にするための風呂に向かわせた」と説明する。ローマ帝政時代の浴場とは根本的に違っていたのである。キリスト教の影響があったかどうかは別にしても、西欧の社会では体を清潔に保つことが大切であるという認識が近年になるほど強くなった。

ジュリア・クセルゴンというチュニジア出身の女性研究者は、『自由・平等・清潔――入浴の社会史』（鹿島茂訳、河出書房新社、一九九二年）という本で、フランス・パリ市民の私生活に焦点を当て、一八世紀前半から一九世紀を通じた不潔と清潔という衛生意識の変容について述べている。

彼女は、「体の清潔な人間は心も健全である」という道徳的見地から、パリ市民がいかにして入浴という習慣を獲得していったかを論証する。不潔さは、「垢のもたらす無秩序な肉体の純潔さを保つのに害を及ぼすばかりでなく、社会秩序にも有害なものと断定される。腐敗と犯罪の酵母として、この無秩序が家族のモラルを侵し、子供たちの純真さを奪いとってしまう」とまで言う。

訳者の鹿島茂は、本の「あとがき」にクセルゴンが展開した議論の大筋を次のように要約する。「社会の中産階級化が進むにつれて、『清潔』という観念は、体と心の健康を示す指標として国民全体に広く受け入れられるようになり、『自由』『平等』『博愛』というフランス共和国の標語と並んで、あるいはそれ以上に、社会のブルジョア化を促進することになった」。彼女は、フランスの国民が入浴という習慣を身に付けるようになった歴史的推移とその社会的な影響を論じ、入浴は決して心地よい快楽を得るためではなかったと断じるのである。

フランス国民の徹底した清潔への志向は、ビデの発明をもたらす背景となった。クセルゴンは、「一八五〇年代以後は医者たちも（女性の）日常的な秘部の手入れの必要性を説くようになる」として、ビデが生み出された経緯についても言及している。ただ、この点について言えば、第５章で述べたように、小澤清躬は『有馬温泉史話』のなかで、柘植龍洲が発明した女性の陰部洗浄器である龍箭《りゅうとう》について詳しく論じている。龍洲の『温泉論』は文化六（一八一〇）年に出版されているから、今日のビデに相当する龍洲が発明した龍箭のほうが、フランスで発明されたビデよりも年代的にはかなり先行していたのである。

日本人の熱湯好き

先に見たように、幕末に日本の温泉や公衆浴場を訪れた外国人が一様に驚いたのは、混浴と並んで、湯の熱さだった。駐日イギリス公使オールコック一行が箱根湯本温泉を訪れた時、入浴を試みた一人の青年がいた。オールコックは『大君の都』のなかで彼についてこう述べている。「日本人の皮膚は白人のそれよりもはるかに熱に耐えうるにちがいないと十分納得して、とびこむや否やすばやくとび出してきた。というのは、彼はイセエビのように赤くなり、その料理法の犠牲者がゆでられて自分の感情をまったく煮出されてしまう直前に感じるだろうと想像されるほどまっ赤になってでてきたからであった」。オールコックはまた、嬉野の硫黄温泉を訪問した時のことを回顧して、「ひじょうに多くの男女が、温泉のなかで楽しんでいた。これも習慣の力だとわたしは思うのだが、たしかに彼らは、男も女も、わたしが出会ったどの人よりもやけどによく耐えられる人間ではある」という。

外国人から見れば、日本人の熱湯好きは有名だった。駐日英国大使であったヒュー・コータッツイも、『維新の港の英人たち』（中須賀哲郎訳、中央公論社、一九八八年）という本で、「熱湯にひたって伊勢えびのような姿になりたくなければ、湯船に飛び込むまえに十分に気をつけることだ。日本人はお茶をたてる場合でなくとも、煮えたぎるほど風呂水を沸かすのだ」と述べているほどである。

第2章で温泉の歴史を展望したときに述べたように、日本の風呂は初めは蒸気浴だった。奈良時代、大安寺や法隆寺などの仏教寺院に蒸気浴の風呂が備えられるようになった。長らく蒸気浴の時代が続いたが、江戸時代になると、桶に熱い湯を入れた熱湯浴に変わる。蒸気浴の温度が高かったため、自動的に湯の温度も高くなったようである。

ぬる湯の効用

湯の適温は個人差もさることながら、風土や民族性にも左右される。火山国である日本は高温泉に恵まれ、また蒸し風呂の伝統が長かったため、江戸っ子に代表されるように熱い湯には慣れていた。汗をかきやすい高温多湿の気候でもあり、入浴後にさっぱりした感じが味わえたのだろう。

これに対し、欧米とくにヨーロッパには、もともと高温泉は少ない。気候も寒冷乾燥であるため、外気との温度差が大きくなるまで湯を沸かし、入浴後にさっぱり感を得る必要性は乏しかった。日本では現在でも、加熱浴槽のほとんどが湯温四二度あたりに設定されている。ヨーロッパでは加熱浴槽の設定湯温はセ氏四〇度を超えない三七—三九度あたりで、日本に比べるとかなりぬるいようだ。

日本では高温泉に入るのが一般的だったものの、ぬる湯の源泉を用いた入浴法も少なからず存在する。栃尾又温泉（新潟県）、貝掛温泉（同）、五色温泉（山形県）、微温湯《ぬるゆ》温泉（福島県）、金山《かなやま》温泉（宮城県）、川古《かわふる》温泉（群馬県）、法師温泉（同）、鹿教湯《かけゆ》温泉（長野県）、下部温泉（山梨県）、増富ラジウム温泉（同）、小屋原温泉（島根県）、池田ラジウム温泉（同）、足《たる》温泉（岡山県）、湯郷温泉（同）、壁湯温泉（大分県）などが有名である。

これらの温泉は、長時間入浴し続けるため「持続浴」と呼ばれることがある。持続湯のなかでも栃尾又温泉は「夜詰めの湯」として知られる混浴の湯治場で、「子宝の湯」ともいわれている（第5章参照）。貝掛温泉は古くから「目の温泉」として白内障などに効果があるとされ、長湯治の人も多い。また下部温泉の源泉館は、武田信玄の隠し湯といわれ、足元から自然湧出する約三〇度の冷泉が有名。男女混浴で水着の着用は禁止されている。

あまり一般には知られていないが、冷泉といえば、岐阜県中津川市のローソク温泉も変わっている。増富ラジウム温泉や池田ラジウム温泉と同様、わが国屈指のラジウム含有量を誇り、源泉の温度は一三―一五度と冷たい。昭和五八（一九八三）年までローソクの火を点していたのがこの名前の由来である。癌などの難病に効くといわれるが、真偽のほどは分からない。私も一泊したことがある。宿泊客は三〇名ほどで一緒に夕食をとる間、お酒を飲んでいるのは私だけだった。それだけ禁欲的な温泉だった。日帰り客も受け入れているものの、湯治客が主体の旅館で、ぬる湯とあつ湯の浴槽が並んでいて、交互に入るのが原則である。

一般論として言えば、高温泉への入浴は身体への負担が大きい。熱い湯に入ると、最高血圧は入浴直後に一時的に急上昇する。交感神経が緊張して皮膚の末梢血管を収縮させるからである。血管の収縮によって、心臓に戻ってくる血液量が急に増え、心臓に負担がかかる。そのため、熱い湯にいきなり入るのは危険で、入浴事故が起こりやすい（飯島裕一『温泉の医学』講談社現代新書、一九九八年。阿岸祐幸『温泉と健康』岩波新書、二〇〇九年、などを参照されたい）。

それゆえ、湯に浸かる際はいきなり入らないことが大切だ。入浴前にはコップ一杯程度の水を飲むのがよい。熱い湯に長く浸かると、発汗や呼気によって身体から水分が出てしまい、血液が濃縮されて血栓が生じやすいとされる。掛け湯をして身体を湯の温度に慣らし、足先、手先から心臓のほうに向けて徐々に入っていく。また、熱い湯に入るときだけでなく浴槽から出る際にも注意が必要である。湯船に長く入っていると、身体が温められて血管が拡張し、血圧が大幅に低下して脳貧血を起こしやすい状態になるからだ。飲酒はそれを助長する。温泉に夕方着くと、まずはひと風呂浴びてから夕食をとり、お酒を飲む場合がふつうである。入浴して血圧が下がっているのに加え、飲酒によって血管がいっそう拡張し、血圧のさらなる低下を招きやすい。

身体への負担が少ないのは、ぬる湯である。ぬる湯は副交感神経のほうに働きかけるので、たかぶった神経をしずめ、血圧を下げ、胃液の分泌を促す効果がある。また長時間湯に浸かっていることができるから、温泉に含まれる成分が皮膚から体内に徐々に吸収されるという効果も期待できる。湯に入っていて眠気をもよおすような温泉はぬる湯であり、全国の温泉の中でそんな温泉のほうが名湯といわれる場合が多い。

温泉と飲酒

酒を飲んでから入浴するのは恐ろしい。脳貧血を引き起こすリスクが高まるからだ。頭の中では分かっていたが、そんな失敗をやらかしたことがある。

数年前にトカラ列島の悪石島《あくせきじま》に旅行したときのことである。トカラ列島といっても、一般にはあまり知られていない。かつて親しい友人にトカラに行くという話をしたら、「それどこにあるの？北海道？」と言われる始末。それほど知られていない。

トカラ列島は、屋久島と奄美大島の間に点在する七つの有人島と五つの無人島から成り、十島村《としまむら》という自治体を構成している。この有人島の一つ悪石島に出かけたのである。鹿児島港南埠頭を深夜の一一時五〇分（当時、現在は一一時〇〇分）に出港する村営船「フェリーとしま」で約一二時間かかる。そんな不便な島に何をしに行ったのかというと、「ボゼ祭り」を見物するためである。ボゼというのは、奇怪な姿をした仮面神で、旧のお盆行事の最後の日に現れ、子供や女性をおどかして悪魔を追い払うとされている。その行事が「ボゼ祭り」で、鹿児島県の指定文化財となっている。これを見るために夏休みを利用して妻と出かけたのである（ボゼ祭りについて詳しくは、拙著『旅の途上で』（ナカニシヤ出版、二〇一〇年）を参照されたい）。

祭りのあとに、島の公民館の庭でカラオケ大会が催された。カラオケを聞いている最中、私の横に座っていた年輩の男性が何度も地元の焼酎を注いでくれ、すっかり酔っぱらってしまう。カラオケはまだ続いていたが、日も暮れかかってきたので公民館を出て民宿に戻り、湯泊《ゆどまり》温泉に行くことになった。出かけたのは、われわれ夫婦以外に民宿に泊まっていた二人の男性、それに民宿の女主人の合計五人。民宿のワゴン車を一緒に泊まっていた自動車整備士の若い男性が運転する。さすが車のプロだけに、狭い曲がりくねった真っ暗な急坂を危なげなく運転してくれる。

温泉は、民宿から一五分ほどの海ぎわにあった。島の名物温泉だが、午後七時を過ぎたばかりなのに誰も入浴していない。協力費という名目で入浴料は二〇〇円となっていたが、管理人がいないので勝手に料金箱にお金を入れる。男湯と女湯に分かれている。男湯のほうは、コンクリート製の長方形の湯船があって、一度に五人は入れるだろう。湯は適温で、少し白濁していてかなり硫黄の匂いもする。いい湯なのだが、五分も入っていないうちに頭がクラクラして気分が悪くなってきた。カラオケ会場で何度も注いでもらったストレートの焼酎がじわりと効いてきたのだ。まずいことになったと思って本能的に湯船を飛び出した。アルコール度の高いお酒を飲んで入浴したため血圧が大幅に下がり、脳貧血を起こしたようだ。民宿に戻って冷たい水を飲むうちに元気になった。

この悪石島での苦い経験と相前後して、もう一度失敗をやらかしている。真冬に群馬県の万座温泉に行った時のことだ。万座温泉は、標高一八〇〇メートルの高地に湧く硫黄泉で、硫黄濃度が日本一（一リットル当たり二七二ミリグラム）として知られている。八つの旅館・ホテルがあり、一般の民家が一軒もないのもこの温泉の特色である。

一面の雪に囲まれたホテルの露天風呂から上越の山々を眺めながらご機嫌なひと時を過ごし、ホテルに戻って夕食と相成った。それほど飲んだわけではない。ビール大瓶で一本だけ飲んだように記憶している。

夕食後ホテルのロビーで地元の民謡ショーが催され、大勢の観客の後ろでそれを立って見ていた。そのうち、身体がぐらぐらするように感じ、立っておられなくなって思わずしゃがみこんだ。横に並んでいた妻が驚いて受付のマネジャーを呼び、コップ一杯の水を飲んでから、車椅子を持ってきてもらって部屋に戻って寝かされたのである。そのうちに気分は良くなったが、一時は「症状が一段と悪くなるようでしたら、ヘリコプターを呼んで麓の病院に運んでもらいましょうか」とマネジャーに言う妻の声が聞こえてきた。このような失態が生じたのは、やや熱めの露天風呂に入浴して血管が拡張しているところにアルコールが加わり、脳貧血を引き起こしたせいである。しかも万座温泉の場合、硫化水素による血管拡張効果が強く働くからなおさらだったようだ。

悪石島では酒を飲んでから温泉に入ったのに対し、万座では温泉に入ってから酒を飲んだという順序の違いはある。どちらにしても、二度の体験を通じて、熱い湯と飲酒の組み合わせほど恐ろしいものはないことをいやというほど実感した。温泉のプロを自称する私としてはまことに恥ずかしい限りで、こんな失敗をしたことを深く反省したものだ。テレビなどで露天風呂に浸かってうまそうにお酒を飲んでいる光景を見かけるし、実際に温泉でそんな光景を何度も目撃したが、身体にとってこれほど危険な行為はないのである。

入浴の文化 ―東日本と西日本―

経済史家の宮本又次に『関西と関東』（青蛙房、一九六六年）というユニークな本がある。この本には、食べ物、嗜好、服飾、芸能、方言、気質などあらゆる角度から、関西と関東、あるいは上方と江戸の比較を行っている。「大阪もんは江戸ッ子のように田舎や在方《ざいかた》を決して見下げはしない。大阪人にとっては遠国《おんごく》や近国の客衆こそ大切なものであった。お得意先だし、お客さんなのである。とりわけ西国《さいこく》の客衆を大事にした、地方や田舎を見下すどころか、接待これつとめている。江戸の遊郭は参勤交代の武士でもってにぎわったが、大阪は船着き場として西国の客衆や船持や荷主・船頭を楽しませるところがあった」（傍点は宮本）。「これに対して江戸ッ子という場合には自負的なところがある。見栄がある。『江戸ッ子だ』という時、なにかサバサバした、またスッキリした、欲のない、男らしいとか、女らしいとか、よほどスッキリしたものがあるとみずから思い、自信をもっている。

いうなれば江戸ッ子のものの考え方は直球である。これに対し大阪人のほうはカーブで変化にとんでいる」。「江戸ッ子にはどこか武士的にスマシタ所がある。孤高的なところがある。ツンとしたところがある。頭《ず》が高い。大阪もんは土性骨が通っていて、シャンとしていても、ツンとはしていない」。

これが宮本の見た浪速ッ子と江戸ッ子の気質の違いである。かなり大阪の肩をもっているようで、江戸ッ子を自負している人には気の毒だが、私自身は宮本説に賛成だ。

入浴の文化にも関西と関東、あるいは西日本と東日本では伝統的にかなり大きな違いが見られるようだ。松平誠は『入浴の解体新書』（小学館、一九九七年）という本で、こうした東西の入浴の違いをわかりやすく説明している。

日本人の入浴と一口に言っても、細長い列島の東西では入浴に関してさまざまな点で違いがあるとして、松平は次のような違いを指摘する。①東日本は西日本に比べて温泉が多く、東日本に多く見られた農閑期の湯治の慣習が西日本では一般的ではなかった。②上方の共同浴場はふつうは「風呂場」と呼ばれ、蒸し風呂系統から生まれたのに対し、江戸の共同浴場は「湯屋」であり、蒸し風呂系統の西日本と、湯に馴染んだ東日本とでは異なる入浴文化を保ち続けてきた。③上方の風呂は町屋風の地味なぬる湯が一般的であったのに対し、江戸の湯屋は湯女風呂に代表されるような豪華なレジャーセンターであり、熱い湯と朝湯を特徴としていた。④上方の風呂場では蒸し風呂の伝統を受け継いで、身体を洗ってから湯に入るのが一般的であった。江戸では逆に、湯に入ってから身体を洗う習慣があった、などである。

ここに指摘されているように、東日本では現在でも熱い湯が好まれる傾向があるようだ。もちろん、湯が熱いかぬるいかは主観的な要素もあるし、旅館やホテルによって浴槽の湯が何度にコントロールされているかによっても異なってくる。それでも私の体験を交えて言えば、熱い湯として文句なく次のような温泉を挙げることができる。

新潟県松之山温泉の外湯「鷹の湯」、長野県野沢温泉の外湯を代表する「大湯」、同湯田中温泉の外湯「大湯」、同よませ温泉「日新乃湯」、群馬県草津温泉「大滝乃湯」、福島県奥土湯の川上温泉などである。すべて東日本に属する温泉だ。西日本にも、別府八湯の一つ亀川温泉の共同浴場「亀川筋湯温泉」のような熱い湯もあるが、これは例外でやはり圧倒的に東日本に多いことは確かである。

日本列島の東西南北到るところに、湯温も泉質も自然環境も異なるさまざまな温泉が湧出する。自分なりの癒しの湯あるいは遥かな秘湯を求めて温泉行脚を続ける楽しみは何物にも代えがたい。

エピローグ

先の『入浴の解体新書』では、京・大坂の「風呂」と江戸の「湯」の違いが克明に説明される。その中で、民俗学者の宮本常一《つねいち》の次のような言葉が紹介されている。「東京へはじめて出て来たとき、『お風呂へ行こう』と言ったら笑われたことがある。そして『湯っていうんだ』と訂正させられた」。日本の東西における風呂と湯の違いは、現在ではほとんど意識されることはないけれども、日本人の入浴の歴史や習慣を考えるうえで興味深い視点を提供してくれる。

ところで、青森県津軽地方の方言で有名なものに、「どさ」、「ゆさ」という会話がある。日本で最も短い会話だと聞いたことがある。「どこへ行くの?」という問いかけに、「湯に行くのさ」と答えるのである。嘘か本当か知らないが、悠長に受け答えすると地吹雪が口の中に入り込んで冷たくてかなわないから、ごく簡単な会話で済ますという説がある。

「どさ」、「ゆさ」という津軽弁が日本で最も短い会話だと思っていたら、最近そうではないことを新聞で知った。荻野アンナが書いていたのだが、秋田県にはもっと短い会話があるそうだ。それは、「は」と「く」の二字からなっている。相手が「食べろ」と言うのに対して、「食べる」と答えるというのである。確かに、これよりも短い会話はありえない。荻野アンナは、「東北弁は資源節約のエコロジカル言語のようだ」と書いている。

日本の温泉はいいなあと思う。目を閉じると、北海道奥尻島の神威脇《かむいわき》温泉、長崎県五島列島福江島の荒川温泉、鹿児島県悪石島の湯泊温泉、同中之島の東温泉と西温泉、同硫黄島の東温泉、長崎県対馬の渚の湯などが次々と思い浮かぶ。文句なく日本の秘湯であり、最果ての湯である。氷河と火山の島・アイスランドのブルーラグーン、中国と北朝鮮との国境近くにある長白山温泉、エーゲ海で泳いだあとに入ったトルコのパムッカレ温泉、日本に劣らぬ温泉大国ハンガリーの首都ブタペスト市内の各温泉（とくにゲッレールト温泉とセーチェニ温泉が有名）。これらも忘れがたい温泉ではある。ただ外国では、温泉を飲用に利用したり、プールに用いたりするなど、温泉の直接の効用を求める場合が多いし、温泉施設が閉鎖的な空間の中に閉じ込められているケースが一般的である。日本のように温泉自体を楽しむというケースは少ないようだ。

やはり、日本の温泉は世界一である。海辺にあり、山ふところにあり、澄明な湯があり、にごり湯もある。何より、湯を取り巻く自然環境が抜群に良い。緑に囲まれた露天風呂に浸かると、心がほどけて眠くなってしまう。心身の疲れが溶けだしていく気がする。自然と自分が一体となっている。爽やかな風が吹き過ぎ、葉ずれの音が聞こえる。空気の匂い、湯の匂い、草木の匂いがする。大地から自然に湧き出るピュアーな温泉。そんな極上の湯を求めて今後とも旅を続けたいものだ。

温泉めぐりをしていると、思わぬハプニングに出くわすことがある。いつか岐阜県の平湯温泉に遊んだとき、露天風呂に浸かっていると白いものが降って来た。雪だった。入ったり出たりして三〇分ばかりするうちに、周りの平凡な景色が一変して純白の世界となった。深夜の露天風呂を独占するのはもったいない気がした。こんな経験は他にも何度かある。

狙って行っているわけではないが、混浴の経験も少なくない。もうだいぶ昔の話であるが、当時私が勤務していた大学のゼミナールの卒業生が、結婚して別府・鉄輪温泉で旅館をやっているので、一度来て欲しいと誘われて出かけたことがあった。この旅館の中庭に、かなり大きな露天風呂があり、誰もいない風呂にのんびり入浴していた。無色透明のきれいな湯で、少しぬるめの湯にゆっくり浸かってうとうとしていた。夕方五時ごろで、あたりはまだ明るかった。そろそろ湯を出ようと思っていたら、賑やかな声が湧き起って六、七人の中年の女性がどどっと入ってきた。混浴とは思いもよらなかったのでびっくりしたし、女性陣も誰も入っていないと思っていたのか一瞬戸惑ったようだが、遠慮なく湯に入ってきた。多勢に無勢というのは、こういうことをいうのだろう。向こうはみな当時の私よりもかなり年上だった。わいわいがやがや至って元気が良い。「どこから来たの」とか「休日でもないのに結構な身分ね。何をやっているの」とか、みんなが集まって遠慮会釈なく訊いてくる。適当に答えておいたが、湯から出るに出られず往生した。うつむき加減の私の目に相手の顔はよく分からなかったものの、真っ白な肉体に包囲されている感じで、えらいことになったと思ったものだ。

これ以上入浴していると完全にのぼせてしまうので、女性陣の注視のなか、まさに這這《ほうほう》の体《てい》で露天風呂を脱出した。

これもかなり以前になるが、鹿児島県の離島・口永良部島の寝待温泉でも同じような経験をしたことがある。この温泉は、屋久島の宮之浦港から口永良部島の中心である本村まで一日一便の町営連絡船（フェリー太陽）で約二時間半かかる。そして本村から、両側に琉球竹の生い茂る狭いくねくねと曲がった道を一時間ほど歩いてから、かなりの急坂を五〇〇メートルほど下った崖下にある。湯小屋の前は大海原である。コンクリートで囲まれた湯小屋の中には浴槽が二つあり、それぞれ五人ほどが入れる大きさだ。無料で混浴である（ただし、現在は男女別浴となり、協力金として二〇〇円が必要）。白濁の湯で硫黄の匂いがする。湯船の底には玉石が敷かれていて、その石の間から絶えずぶくぶくとガスが出ており、底に溜まった湯の花が舞い上がったりする。湯は少し熱めだった。誰もいない浴槽に私と妻が入っていたら、賑やかな声がして地元の寝待部落の女性が五人ほど一緒に入ってきたのである。いずれもかなり年配の女性だった。妻はすぐに彼女らと仲良くなって話に興じ始めたが、私は最初のうちはその談笑のなかに入っていたものの、そう長くは続かない。ひとり女性陣から少し距離を置いて二つ続きの湯船の端のほうにいたり、湯船の木枠に腰を掛けたりしていた。彼女らは陽気でたくましい。私などはまったく眼中にないように延々と話し続けていた。この素晴らしい温泉に入浴して会話を交わすのが彼女らの日課で、一日の最大の楽しみのようだ。私は彼女らの話を聞いていないようなフリをしながら、その実、熱心に聞き耳を立てていた。そろそろ湯から上がらなければと思っていた矢先、大変な事態が生じた。急に空模様があやしくなり、南の島特有の猛烈な雨が降り出したのである。それに、ものすごい雷鳴が加わった。地元の女性たちは慣れているのか、一向に平気で話を続けているし、妻もその中に入って会話を楽しんでいる。雨や雷鳴はすぐに止むと思ったのだが、なかなか止みそうにない。結局、身体が冷えてきたら湯に浸かり、のぼせてきたら湯船の端に腰掛けたりして裸のまま二時間ほど過ごしただろうか。私のこれまでの数限りない入浴体験のなかで、これほど長時間にわたって入浴したことはない。後にも先にもこの時が初めてだ。

これとは対照的に、〝瞬間の混浴〟をしたこともある。大学二年次の夏休みに、当時のクラスで仲の良かったK君と二人、長野県の高峰高原に行ったことがある。国鉄信越線（当時）の小諸駅前より一日二—三本しかないバスに乗車。一時間近くバスに乗っただろうか。宿泊したのは、この高原にある古ぼけた木造二階建ての国民宿舎だった。この国民宿舎で、忘れようとて忘れられない大チョンボをしたのである。夕食前に私とKの二人で大浴場に行ったところ、誰も入浴していない。秘湯ムード溢れる高原のいで湯に浸かってのんびりと手足を伸ばしていたのであるが、その浴場の片隅に直径一メートルほどの丸い管が通っていて湯が流れ込んでいる。二人で、この大きな管の向こう側はどうなっているのか、潜って行ってみようという話になった。私が先になりKが後になって、湯が流れている管の中に潜り込んだのである。

一メートルも進まぬうちに管の外に出て周りが急に明るくなった。泳ぐのを止めて立ち上がったその時である。「きゃー」という黄色い声が湧き起こった。それは、女性の大浴場の中、厳密に言えば、その浴場の真ん中ではなく、男風呂に近い側の片隅だった。一瞬、私の網膜に映ったのは、あちこちに白い裸体が林立していた光景だった。われわれを目に留めた女性も驚いたろうが、もっと驚いたのは私とKである。湯から出した頭を慌てて引っ込め、大急ぎで管を通って元の場所へ引き返したのである。私の人生で、これほど恥ずかしい思いをしたことはない。故意にしようと思ってもできることではない。もうちょっとのところで警察に告訴され、「大学生　女風呂に闖入《ちんにゅう》」とでも書かれて新聞沙汰になるところだった。

以前、女装して公衆浴場の女風呂に入ろうとした中年の男が警察に突き出されたという話が新聞の社会面に小さく載ったことがある。この記事を目にした途端、私は若い頃に引き起こした〝事件〟を思い出したものだ（以上の混浴の話は、拙著『旅の途上で』（ナカニシヤ出版、二〇一〇年）に「混浴体験」として詳しく述べている）。

ところで、私の好きな歌人、与謝野晶子も温泉が大好きだったようだ。すでに第4章で晶子の歌を二首引いているが、全国の温泉地を旅して実に数多くの歌をつくっている。ここではこんな歌を紹介しよう。

山に来てわれもめでたく湧き出づる泉の如き恋もこそすれ
あかつきの太陽が住む金屋《きんおく》と並ぶ浴槽《ゆぶね》にわれは身を置く

最初の歌はどこの温泉かは分からないが、山を詠む。「晶子四十三歳。このころから温泉の歌がふえていくのは、旅が救いのような解放感を与えるからだろう。盛りあがり、あふれ出る湯水が、いまひとたびの若さをよびかけてくる」。池内紀『湯めぐり歌めぐり』（集英社新書、二〇〇〇年）には、そう書かれている。二首目は海を詠む。これも具体的にどこの温泉かは分からないものの、伊豆の湯を詠んでいる。太陽は金屋、すなわち黄金で飾った家に住むという。その金屋と肩を並べて海辺の湯に浸かる解放感は晶子には一入《ひとしお》であったにちがいない。
温泉が好きな歌人としては、若山牧水も人後に落ちない。そんな歌を二首挙げておこう。

湯を揉むとうたへる唄は病人《やまうど》がいのちをかけしひとすじの唄
折からや風吹きたちてはらはらと紅葉は散り来いで湯のなかに

前者は草津温泉での作。「苦行が容易な覚悟でできるものではない」と書いた、有名な「時間湯」での湯揉み唄を詠っている。後者は草津からほど近い山里の湯、花敷温泉での一首である。花敷という優雅な名前は、源頼朝が発見して「山桜夕日に映える花敷きて谷間に煙る湯にぞ入る山」と詠んだことに由来する。どちらも「みなかみ紀行」に載っている。牧水はこの紀行文で、「私は河の水上《みなかみ》といふものに不思議な愛着を感ずる癖を持つている。一つの流に沿うて次第にそのつめまで登る。そして峠を越せば其処《そこ》にまた一つの新しい水源があつて小さな瀬を作りながら流れ出してゐる、といふ風な処《ところ》に出会ふと、胸の苦しくなる様な歓びを覚えるのが常であつた」（若山喜志子・大悟法利夫編『若山牧水全集　第六巻』（日本図書センター、一九八二年）と述べている。川の源流に対して特別な思いを抱いていたようだ。牧水は誰よりも旅が好きで、自分の長男に旅人《たびと》という名前を付けているほど。生涯を通じて旅の詩人だった。

このごろ私も下手くそながら短歌を作りはじめている。俳句のほうは大学時代から細々と作り続けてきたが、短歌は始めてまだ一年にもならない。笑われるのは承知で、私の尊敬する大歌人、晶子と牧水の向こうを張って、最近作った温泉についてのつたない歌を披露しよう。

慕情てふスナックありぬ湯の町にオリオン星座網投げ来たり
有馬にも春来たりけり鼓ヶ滝遠去かりてもなほ響きをり
山国の満月湖《うみ》に輝けり御柱《おんばしら》祭果てし湯の町

最初の二つは、本書の至るところで取り上げた有馬温泉を、あとの一つは私の「青春の地」上諏訪温泉を詠っている。ここで御柱祭とは、諏訪地方で行われる七年に一度の奇祭のことである。温泉の本だから、読めば少しはくつろぐだろうと期待された読者のみなさんには、堅い話が多すぎて失望させてしまったかもしれない。温泉の本のあとがきに、短歌ばかり並べるといういささか型破りなことになってしまった。

まだまだ書き残したことは多い。本書の内容が不十分なことは重々承知している。だが、兼好法師も『徒然草』第八二段で言っているではないか。「すべて、何も皆、事のとゝのほりたるは、あしき事なり。し残したるをさて打ち置きたるは、面白く、生き延ぶるわざなり」と。し残したことを、そのままにさし置いてあるのは、興趣があって、生き延びるやり方だというのである。兼好さんは実にいいことを言っている。この励ましは私には何よりである。周知のとおり、温泉に関する本は星の数ほど、浜の真砂ほどある。それでもこの本は普通の温泉本とは異なってかなり硬派の一書である。

私の好きな曹洞宗の開祖道元禅師に、「道《どう》は無窮なり」（『正法眼蔵随聞記』）という言葉がある。「温泉道」を窮めることは至難の業である。温泉学というまだあまり馴染みのない学問の世界を窮めることなどは到底できないのである。

単なる物見遊山の温泉旅の話ではなく、読者のみなさんに私なりの「温泉学」の一端をご披露しようとの意気込みで一生懸命書いてきた。書き終えたいま、一種の安堵感と脱力感に襲われている。肩が凝ってしかたがない。どうやらすっかりストレスをため込んでしまったようだ。兼好さんではないが、ケンコーは何よりも大事。さあ、たまりたまったストレスを解消するために、まずはひと風呂浴びに天下の名湯、有馬温泉に出かけるとしよう。

◉参考文献

（以下の参考文献の引用においては、必要に応じて旧仮名遣いを現代仮名遣いに改めたり、旧漢字を常用漢字に改めた場合などがある）

ラザフォード・オールコック（山口光朔訳）『大君の都』岩波文庫全三冊、一九六二年
アルブ・リトル・クルーチェ（武者圭子訳）『水と温泉の文化史』三省堂、一九九六年
ヒュー・コータッツイ（中須賀哲朗訳）『維新の港の英人たち』中央公論社、一九八八年
ジュリア・クセルゴン（鹿島茂訳）『自由・平等・清潔　入浴の社会史』河出書房新社、一九九二年
タウンゼント・ハリス（坂田精一訳）『ハリス日本滞在記』岩波文庫、一九五三年
ロバート・フォーチュン（三宅馨訳）『幕末日本探訪記』講談社学術文庫、一九九七年
ルース・ベネディクト（長谷川松治訳）『菊と刀』講談社学術文庫、二〇〇五年
マシュー・ペリー（土屋喬雄・玉城肇訳）『日本遠征記』岩波文庫全四冊、一九四八―一九五五年
ウイリアム・モース（斎藤正二・藤本周一訳）『日本人の住まい』八坂書房、一九七九年
阿岸祐幸『温泉と健康』岩波新書、二〇〇九年
浅井了意（富士昭雄校訂）『東海道名所記』国書刊行会、二〇〇二年
有馬温泉観光協会『しっとりと有馬』一九九九年
飯島裕一『温泉の医学』講談社現代新書、一九九八年
池内　紀『湯めぐり歌めぐり』進英社新書、二〇〇二年
池田亀鑑『全講　枕草子（上）』至文堂、一九五六年
石川理夫『温泉法則』集英社新書、二〇〇三年
稲垣史生「温泉湯女ものがたり」（『湯けむりの里』暁教育図書、一九八〇年所収）
板垣耀子編『江戸温泉紀行』平凡社、一九八七年
小澤清躬『有馬温泉史話』五典書院、一九三八年
落合　茂『洗う風俗史』未来社、一九八四年

大根土成『滑稽有馬紀行』（板坂耀子編『江戸温泉紀行』（東洋文庫）平凡社、一九八七年所収）
貝原益軒『有馬湯山記』一七一一年
貝原益軒『養生訓』一七三一年
風早恂編『有馬温泉資料　上巻』名著出版、一九八一年
風早恂編『有馬温泉資料　上巻』名著出版、一九八八年
神崎宣武『江戸の旅文化』岩波新書、二〇〇四年
神戸市教育委員会『ゆの山御てん――有馬温泉・湯山遺跡発掘調査の記録』、二〇〇〇年
加藤盤斎『清少納言枕草子抄』日本図書センター、一九七八年
菊屋五郎兵衛『有馬温泉小鑑』貞享二（一六八五）年
城崎町編『城崎温泉史』城崎町、一九八八年
木村凌二『多神教と一神教』岩波新書、二〇〇五年
神戸市立博物館編『有馬の名宝――蘇生と遊興の文化　特別展』一九九八年
神戸新聞社編『ひょうごの温泉』、二〇〇三年
式亭三馬『浮世風呂』四編九冊、文化六（一八〇九）年―文化一〇（一八一三）年
司馬遼太郎『妬の湯』文芸春秋、司馬遼太郎短編全集第七巻、二〇〇五年
下村耿史『混浴と日本史』筑摩書房、二〇一三年
全国公衆浴場業環境衛生同業組合連合会『公衆浴場史』、一九四二年
田山花袋『温泉めぐり』博文館、改訂増補版一九二六年。岩波文庫、二〇〇七年
鷹取嘉久『見て聞いて歩く有馬』一九九七年
辰濃和男『ぼんやりの時間』岩波新書、二〇一〇年
中野栄三『入浴・銭湯の歴史』雄山閣、一九九四年
長濃丈夫「太閤秀吉と有馬温泉」『神戸史談』第二二七号、一九七〇年
夏目漱石（坪内稔典編）『漱石俳句集』岩波文庫、一九九〇年

西川義方『温泉須知』診断と治療社出版部、一九三七年
西川義方『温泉読本』実業之日本社、一九三八年
西川義方『温泉言志』人文書院、一九四三年
花咲一男『江戸入浴百姿』三樹書房、一九七八年
藤森栄一『縄文の世界』藤森栄一全集第四巻、講談社
松田忠徳『温泉教授の温泉ゼミナール』光文社新書、二〇〇一年
松平　誠『入浴の解体新書』小学館、一九九七年
宮本又次『関西と関東』青蛙房、一九六六年
本居大平『有馬日記』天明元（一七八一）年（板垣耀子編『江戸温泉紀行』所収）
服部安蔵『温泉の指針』廣川書店、一九五九年
平子政長『有馬私雨』寛文一二（一六七二）年
古川　顕『旅の途上で』ナカニシヤ出版、二〇一〇年
八隅蘆菴『旅行用心集』八坂書房、一九七二年
山本正隆『世界温泉紀行』くまざさ出版社、二〇〇六年
吉田集而『風呂とエクスタシー　入浴と文化人類学』平凡社、一九九五年
吉田昌生『ふじしろ初山踏』藤白神社、二〇〇八年
吉野　裕訳『風土記』平凡社、二〇〇〇年
若山喜志子・大悟法利編『若山牧水全集第六巻』日本図書センター、一九八二年
「混浴温泉は絶滅するのか?」（『温泉批評』双葉社、二〇一三年一〇月号所収）

執筆者略歴

古川 顕（ふるかわ あきら）
1942年大阪府貝塚市に生まれる。京都大学経済学部卒業。京都大学大学院博士課程単位取得。大阪大学教養部教授、関西学院大学経済学部教授、京都大学大学院経済学研究科教授、甲南大学経済学部教授などを歴任。京都大学名誉教授。経済学博士（専攻／金融・経済学史）。『現代日本の金融分析』（東洋経済新報社、エコノミスト賞受賞）、『日本銀行』（講談社現代新書）、『R.G. ホートレーの経済学』（ナカニシヤ出版）、エッセイ集『旅の途上で』（ナカニシヤ出版）ほか、金融・経済学史関係の著書・論文多数。

温泉学入門
有馬からのアプローチ

2014年6月20日 初版第一刷発行

著　者　古川　顕

発行者　田中きく代
発行所　関西学院大学出版会
所在地　〒662-0891
　　　　兵庫県西宮市上ケ原一番町1-155
電　話　0798-53-7002

印　刷　協和印刷株式会社

Printed in Japan by Kwansei Gakuin University Press
ISBN 978-4-86283-162-0